寻味 ✗ 东莞
XUNWEIDONGGUAN

东莞，是我扎根生长的地方

游历过世界上很多个国家体验过不同地方的风土人情，发现最难割舍的还是家乡的味道。

嫣然 ◎ 著

廣東旅游出版社
GUANGDONG TRAVEL & TOURISM PRESS
悦读书·悦旅行·悦享人生

中国·广州

图书在版编目（CIP）数据

寻味东莞 / 嫣然著 . — 广州 ：广东旅游出版社，
2018.9

ISBN 978-7-5570-1464-3

Ⅰ．①寻… Ⅱ．①嫣… Ⅲ．①饮食－文化－东莞
Ⅳ．① TS971.202.653

中国版本图书馆 CIP 数据核字 (2018) 第 187270 号

责任编辑：梅哲坤
责任技编：刘振华
责任校对：李瑞苑

《寻味东莞》
XUNWEI DONGGUAN

广东旅游出版社出版发行
地　　址：广州市越秀区环市东路 338 号银政大厦西楼 12 层
邮　　编：510060
电　　话：020-87348243
广东旅游出版社图书网
（网址：www.tourpress.cn）
印　　刷：东莞市比比印刷有限公司（东莞市道滘镇南丫村卫屋工业区李洲角三路）
电　　话：0769-88385025
开　　本：787 毫米 ×1092 毫米　　1/16
字　　数：110 千字
印　　张：15.50
版　　次：2018 年 9 月第 1 版
印　　次：2018 年 9 月第 1 次印刷
印　　数：5000 册
定　　价：68.00 元

序

嫣然推荐美食，我推荐嫣然

人是讲缘分的，与嫣然有缘。

早在2008年创办《东莞时报》时我便与嫣然相识。小巧玲珑，灵性写在脸上的嫣然当时在移动公司负责与媒体打交道，后来知道她也毕业于中山大学，当过记者，文章写得好，还是美酒美食达人，广东省酒类行业协会（以下简称酒协）首批高级葡萄酒品鉴师。我为小师妹的才华折服，交往之中带着亲切感，平时需要对方帮忙时大家亦心有灵犀，全力配合，我的新手机号码亦由她选定。

2017年4月我提出辞职，有一天接到嫣然电话，问我是否辞职了，我说提出来了，还未批准。她告诉我，她也辞职了。我心里不禁一乐：连辞职都与我同步，太有缘了。

嫣然早该辞职了，因为她太有才了，有才之人适合创业，不受约束，才能展翅高飞，更好地发挥自己。果然，嫣然创业起点高，带着十多人的团队，租着大别墅办公，把兴趣和工作结合，把工作做成了诗。

嫣然的标签很多：广东省酒协首批葡萄酒高级品鉴师、美国ISGC国际侍酒师认证课程高级认证侍酒师及讲师、广东省葡萄酒品酒师侍酒师专业管理委员会美食顾问、网易严选酒类顾问、中国葡萄酒孵化院专家、宁夏青铜峡市人民政府特聘贺兰山东麓葡萄酒产业推广大使、深圳酒协特聘葡萄酒专家委员会委员、东莞酒协特聘葡萄酒专家委员会委员、东莞美食推广大使、美食与葡萄酒专栏作家等等。其微信公众号及微博粉丝达50万，在美食美酒领域具有一定影响力。此外，她还是旅行玩家、生活美学家、创意早餐妈妈、茶语网茗星，受全国十余家知名平台如今日头条、腾讯新闻、网易新闻特邀进驻，同时是多款生活推荐类App特约供稿人。除了撰写美文，举办各类活动，她还推荐、经营自己的美酒、美食、茶叶、茶具等产品，忙得不可开交。

说到本书的源起，亦有缘分。2013年5月，我的老同事、时任《南方日报》驻东莞办事处副主任的蒋才虎邀嫣然开专栏《东莞美食》，融专业性、历史性、文化性与实用性为一体，既介绍菜品特色，亦追根溯源，且推介货真价实的餐厅，专栏颇有营养，颇受好评，坚持了近三年，积累了一定数量，嫣然想出书，还找我征求意见。后来筹划为其出书的才虎兄弟调至河源任职，此事又搁下了。

2017年，我有了《2016年中国电影市场观察》众筹成功的经验，建议嫣然重启出书计划，我自告奋勇担任其书的总策划，并找到相关的出版、运营公司与之合作。我想，连冷门的影评书都能众筹成功，美食类的书籍受众面更广，凭嫣然在业界积累的人气，加上多个活动的支撑助燃，此书应该成为畅销书。

书名取《寻味东莞》与内容很搭，全部介绍舌尖上的东莞，除了《南方日报·东莞美食》的专栏文章，更多的是后来的作品。嫣然以女性细腻与感性的笔触，传播美食故事，娓娓道来，生动有趣，活色生香，且图文并茂，俨然是东莞美食大全，文化性、服务性、收藏性俱佳。

广东美食大致分为三大类，即广府菜、潮汕菜及客家菜。东莞本地以广府菜与客家菜为主，改革开放后外地人大举涌入"海纳百川，厚德务实"的莞邑大地，令本土人与外来人数量倒挂，美食亦呈现百花齐放之态，湘菜、川菜、徽菜、鄂菜、西北菜、东北菜均占有一席之地。

东莞地貌丰富，有水乡、山区与海洋，使本土美食多元化，尤其出海口咸淡水交融，有独特的海鲜资源，如黄眉头、麻虾、青蟹、鲈鱼、挞沙鱼、奄仔蟹、藤鳝。从本土特色美食而言，烧鹅濑粉、荔枝柴烧鹅、腊味煲仔饭、猪头皮蒸饭、白沙油鸭、白沙鸭喉、洗沙鱼丸、道滘肉丸粥、石龙豆皮鸡、中堂鱼包、中堂黄鳝饭等等，风味独具，美名远扬。

读了嫣然的《寻味东莞》，对东莞美食肯定会有更加深入的了解。

近日见嫣然，发现她发福了，她说比原来重了十多斤。为了尝遍天下美食，果然投入。再一想美食家们哪一个不是肥头大耳，如蔡澜、沈宏非、梁文韬、查公子，当然，他们都是男的，女美食家应该保持身材。

谭军波

2018年5月17日

| 自序

东莞，是我扎根生长的地方。

游历过世界上很多个国家，体验过不同地方的风土人情，发现最难割舍的还是家乡的味道。除了有个人情感因素之外，还因为在东莞这座海纳百川的城市里，充满了无限的生机与活力。在这片土地上，除了有蕴含每个镇街不同风土的传统美味，还有来自全国各地的琳琅美食，四方之味在这里汇聚，酷爱美酒美食的我如鱼在得水，时不时会发现新的惊喜。

坚持写美食将近十年，有些尝过、为之感动过的旧味慢慢消失在时间的长河里，偶然有一次，我为了回味一家老店，无意中翻出了很多过往写的文章，翻看着、翻看着，一个想将其集结成书的念头逐渐在我心中升起……于是，为了更好地铭记与传递这份美食带给人的温暖情愫，我重新整理了一些依旧经营良好的餐饮店家的稿件并把它收录在此书中，希望能够带给你对东莞美食不一样的见解。

（作者服装由卡蔓服饰提供）

目录

｜美食江湖东莞四十年

在《舌尖上的中国》系列热播之际，咱们不妨也凑趣关注身边这一鱼米之乡的种种美味享受。

在构思东莞美食文章时，笔者曾想：是横向从地域来介绍东莞的美食版图，还是纵向以时间为轴去寻找这些年来那些曾在不同年代里伴随我们成长的美食记忆？在对近百名不同年龄的东莞人、新东莞人进行访谈后，笔者发现，在不同的时期里，总会有一些餐厅，曾经承载了东莞人的集体美食记忆。于是笔者决定沿着时间轴，搭上时光的列车，去寻找四十年来东莞美食江湖上的风云变幻。

20世纪70年代至80年代初 四家酒店印象美好

说到此时的东莞餐厅，答案高度集中。凤凰酒店、江南酒家、朝阳酒店和莞城大饭店这四家以东莞传统菜式和广东早茶为主的茶楼，几乎占据了莞城餐饮的半壁江山。生于20世纪60年代的祁先生说，在那个经济还相对紧张的年代，能去四大茶楼之一就餐是极荣耀的事情。他是家里的小儿子，父亲一般会带他去喝早茶，家里的姐姐们只有羡慕的份。生于20世纪70年代末的阿芝说："小时候，在运河边上有间茶楼叫江南，外公会带我去饮早茶，我最喜欢吃那里的蒸肉丸。那时候的人们会拎着鸟笼去茶楼，然后把鸟笼挂在桌子旁专设的挂钩上，听着小鸟们各自叽叽喳喳。"江南酒家位于振华路口，附近的骑楼街上至今仍然有好些卖小鸟的老档口，不知是不是当年延续至今的。

可惜，后来随着各种新酒家的兴起，这几家酒家纷纷倒闭，凤凰酒店原址先是建了东方酒店，然后成为了现在的莞城区办事中心。位于中心小学附近的朝阳酒店和莞城大饭店也逐渐退出了江湖。

20世纪80年代中 港式西餐厅入莞

随着1978年中国第一家"三来一补"企业——太平手袋厂落户东莞虎门以后，与香港一河之隔血脉相连的东莞迎来了港商来莞投资热潮。香港影视片如周润发的《赌神》、张国荣的《倩女幽魂》热播，港式饮食文化也随之进入东莞，大排档的炒牛河、港式西餐厅成为第一批外来餐饮形态进入东莞。1983年左右，石龙开了第一家西餐厅"莱顿"，虎门开了"酒城""乐园"等第一代西餐厅。石龙的晓军现在是一家著名时尚服装公司的老总，他回忆起当时说："那时候去西餐厅'饮咖''锯扒''吃西多'，成为年轻人中最时髦的社交邀约方式。"晓军当时就是第一批吃西餐的时髦分子。也许，那时青少年对流行趋势的触觉，已经在无形中种下了他今天敏锐的时尚因子。

20世纪90年代 众多酒店叱咤风云

这个年代里，给现在30~40岁的莞城市民留下最甜美回忆的，莫过于"椰林冰室"了。在西城楼边，这家冰室中的红豆冰、冰水美味的清凉与实惠的价格，为当时骑着自行车去吃雪球的莞城市民带来了许多冰沁甜美的感受。现在回想起来，想必比哈根达斯美好多了。在附近同期营业，现在也留下来的恒香云吞面仍如当年般生意火爆，它也许在帮助已消失的椰林冰室，承载着人们对旧时美食的怀念吧？

旧华大、新华大（华侨大酒店）、丽晶酒店、东莞山庄、荔苑、东方宾馆，还有西城楼边的东信酒店（俗称13层）、石龙皇宫酒店，这批20世纪90年代叱咤风云的高档酒楼，曾是那个时代东莞几乎人尽皆知的"天王巨星"酒楼，也是各种喜宴首选的"高大上"场所。1996年，东莞第一家五星级酒店银城酒店开业，一楼的自助餐与顶楼的咖啡厅是那个时代最奢华的享受。现在已经是某机关领导的刘先生说："那时候还在读书，如果哪天家里长辈带我去银城，那简直是极大的荣耀，要精心打扮才会出门。"东莞宾馆顶楼的旋转餐厅更是城中最浪漫的拍拖圣地。只可惜，随着东莞餐饮市场竞争日益激烈，这批酒店除了银城与东莞宾馆还存在，其余均已黯然淡出舞台，成为大家无意中闲谈起的记忆了。

长江后浪推前浪，20世纪90年代是麦当劳与大家乐在东莞开第一家店的时代，外来的"狼"激发了东莞人不认输的拼劲，于是这成为了东莞民营餐饮企业纷纷涌现的年代。汇聚东莞各镇美食的花园粥城在花园新村店开业，吸引了全市各镇百姓慕名而来，开创了东莞餐饮业的新局面；通过走出去学习，回来自创品牌的鹤留山、三禾回转寿司、沙朗扒房的出现，更使花园新村一度成为东莞最著名的美食圣地。

在1996年开办花园粥城的黎平先生，不知当年是否会想到，时隔多年，他竟会成为同年在东莞开业最辉煌的银城酒店的现任主人？这似乎再一次说明了，在务实进取的东莞，只要努力经营大胆创新，就会开创无数的可能。

　　同期，随着台资企业在东莞增多，名典咖啡语茶在东莞厚街镇开了全国第一家店，并在这些年里逐步迈向全国。她紧随着上岛咖啡、天母蓝鸟咖啡等台式餐厅而出现，不但带来了台式简餐与精研咖啡，更带来了一种更为小资与强调感知的用餐感受。"我不在咖啡馆，就在去咖啡馆的路上"，从此为餐饮赋予更多文化内涵，并不知不觉在东莞铺开。

2000年至今 门派众多高手云集

经过前面三十年的不断推陈出新，到了2000年以后，东莞的餐饮江湖已经门派众多，高手如云。无论是制造业名城的江湖地位还是各镇百花齐放的商贸活动，东莞拥有20多家五星级酒店，餐饮美食也非常多元化，并且细分出多种类型，食客的选择更加丰富，消费也日益理性。

国际美食方面，2003年，东城中心里悄悄开了东莞第一家意大利餐厅"必萨乐"，这家由外国人经营的低调小店至今已卖出近200万个披萨。东城区的东城中心、新世界花园、星河传说一带由于是城中外国人相对集中的居住与活动地，这一带的美食自然国际化，你可以在这里尽享意大利餐、日韩料理、泰国菜、越南菜。此外，在寮步镇三星工厂周边，也有许多很正宗的韩国料理小店。

2010、2017、2018年 80后、90后创业潮，新的餐饮形态活力涌现

大批80后、90后年轻人进入餐饮行业创业，他们有些从海外留学归来，带回世界视野融入东莞，有些擅于学习创新，玩转"餐+饮"与生活美学，为餐饮市场增添了无穷活力。如Hello Salad沙拉店、牛檬王、Licopark小公司甘草水果、HALO CHA画叶、何莉儿摩莉点心小厨、小运河·东岸90后粤菜等。

寻味东莞

嫣然 TANG

万江
腐竹
单屋头菜
石碣镇
石龙镇
豆皮鸡
石排镇
煮大鱼
莞城
西城楼
旗峰山
红灯笼
东城
石步羊肉
横沥镇
牛肉
谢岗镇
香蕉
麻涌镇
棕子
道滘镇
南城
寮步镇
香市
东坑镇
大岭山
豆酱
阴菜
观音山
海鲜
沙田镇
濑粉
厚街镇
烧鹅
大朗镇
荔枝
樟木头
清溪镇
禾雀花
蟹饼
虎门镇
盆菜
长安镇
碌鹅
塘厦镇
萝卜板
凤岗镇

纵观国内美食在东莞

中华美食，在东莞大城区内，美食金三角地带是从东城十三碗周边到南城汇一城周边，延伸到南城银丰路这三个区域，基本能轻松找到我国的鲁菜、苏菜、粤菜、湘菜、川菜、浙菜、徽菜、东北菜、鄂菜、本帮菜、赣菜、客家菜、清真菜等菜系，还有更为细分的葡萄酒私房菜、素菜馆、菌食餐厅、铁板烧餐厅等各种类型。

如想深入到镇街去访寻地道的东莞镇街美食，东莞也会很有趣地分成几大板块。以麻涌、洪梅、道滘为代表的水乡片，可以尝到极具水乡特色的蚬汤、生滚骨，还有连蔡澜都赞的道滘粽；到虎门、长安、沙田，则可以尝到珠江口咸淡水交界处的各种海鲜，如虎门蟹饼、麻虾、白鸽鱼等，无论是虎门新湾还是沙田海鲜长廊都很不错；吃东莞烧鹅及濑粉，在莞城的三十年老字号中山餐厅、伟记、荣记、冠群都有稳定的出品，但要吃到好的手工濑粉，就要到厚街的食德福、永利、梁益良等店，这里能吃到由厚街球叔供应的手工濑粉。如要吃荔枝柴烧鹅，当然是到大岭山镇的烧鹅一条街，这里一定能满足食客的需求，如果专程驱车前往，开口点个"烧鹅左髀"，店家就会知道你是懂烧鹅的食家。

想尝传统的东莞咸丸、豆皮鸡，石龙镇的翡翠宫、奇香都一定不会让您失望；若要到东莞的后花园——山区片登山尝客家美食，在清溪镇的榕树下农庄、生态园农庄或谢岗镇银瓶嘴山下的农庄都可以品尝到碌鹅等正宗的客家美食。

东莞的美食江湖上高手如云，您拜会过多少了？若自认为是吃货一枚，就随着我们一同去探访吧！

老莞城老味道之老街美食

　　我喜欢并敬重这些小店，他们的坚持，让城市中留有更多可勾起对传统时光记忆的地方，让味蕾带着思绪去寻绎老莞城的老味道。

　　每到不同的国家或城市，我总喜欢深入城中老区，去寻找当地的老字号小店，去感受接地气的当地民间饮食。总觉得饮食是一种生活方式，无论脍不厌细的贵价菜式，还是最民间质朴的大快朵颐，都能在一定程度上体现出特定地方的民族文化和生活态度，除味蕾上的感受以外，还有许许多多与特定节庆和记忆交杂着的味道。通过饮食，通过饮食的环境及人和物，便鲜活地体验到了。而在东莞城区内，当我们说起传统的老味道时，脑海中的美食导航就不自觉地飘移到莞城区那几条老街上去了。

　　比方说振华路的中山餐馆，这家小店开自1984年，多年来一直在这城区振华路老街中。沿着经典的老骑楼街一直走，再转进窄窄的中山路横巷，汽车基本开不进去，却每天有许多人专门开车停到附近，步行几分钟到中山餐馆去吃烧鹅濑粉。在那段短短的老街行走中，看路两边的老房子，瞧瞧二楼那久违了的用彩色玻璃拼就的老式满洲窗，颇有穿越时光回到几十年前的味道。

中山餐馆的烧鹅，必须选用吃谷物且是放养长大的鹅，以保证肉质丰厚味道足，然后就在这小楼上烧，烧好了立即用不锈钢吊框通过吊轨运下来，食客第一时间尝到新鲜出炉的烧鹅。这儿的烧鹅特点是皮酥肉香，味道不会太咸，突出鹅肉本身的甘香。除了烧鹅濑粉，这儿的卤水猪粉肠、卤水鹅肠也很受欢迎。卤水采用东莞特色的卤水调味，与潮州卤水不同，东莞特色是咸甜味并重，来自甘草等香料的辛甘香突出，鹅肠入味爽脆，猪粉肠粉糯软滑甘香，用来配清汤濑粉是上佳之选。

我问老板凌先生，中山餐厅这么有名，但老街交通不便，为什么不搬到外面去，或者扩大经营？斯斯文文的凌先生说："这店是我爸爸开的，然后交给我，就一直这么做下来。我们只想认认真真做好品质，不打算离开。"聊着聊着，突然想起上次在香港蛇王芬与新当家吴翠宝小姐的偶遇，言语间对父辈的敬重，对传统美食工艺的坚持，竟如出一辙。

走出中山路，如果有闲情，沿着振华路慢慢走，看看那些充满老街坊味的海味店、五金店、陶画店，20世纪80年代初东莞的那纯纯朴朴的民间交易情景悄然浮现眼前。还可以走到珊洲河边静赏幽绿小河，感受那昔日繁华淡去的淡泊宁静。

如果再经过水果批发街，就能来到一条同样历史悠久的老街——光明路。这里同样有着几家承载着太多老莞人儿时美食记忆的小店。比如榕树下的高佬粥店。小店沿街，在明代的却金亭碑正对面开了十几年，只做晚餐和宵夜。在榕树下摆几张小桌，以吃煲仔咸面和煲仔粥为主，食客可以在现场琳琅满目的数十碟食材中自点材料，请店家用来煮咸面或粥。比方肉丸虾米鱼片粥、猪肝头菜瘦肉粥，还有粗粗的东莞咸面，自选鱿鱼头菜排骨等配菜，看着师傅现场用小锅烹煮，只需几分钟，就能尝到自己心水味道的咸面。这是否称得上民间自助餐的雏形？这儿的白灼鱼皮拼鲜葱、白灼鹅肠拼生菜等，也是很有特色的东莞美食，只可惜在大餐厅中，早已日渐式微。另外，光明路上还有专门做粥的冠群饮食店，煲仔饭的津津小食店，以及那家连招牌都没有却天天门庭若市的肠粉早餐店，都是低调地在老街中，不浮躁不张扬，没有华丽的装潢，没有很好的服务，不追求扩大，数十年如一日坚持不变地在一个地方做传统美食。

我喜欢并敬重这些小店，他们的坚持，让城市中留有更多可勾起对传统时光记忆的地方，让味蕾带着思绪去寻绎老莞城的老味道。

中山餐馆

◎地　址：东莞市莞城区中山路39号

光明路市场

◎地　址：东莞市莞城区光明路旁

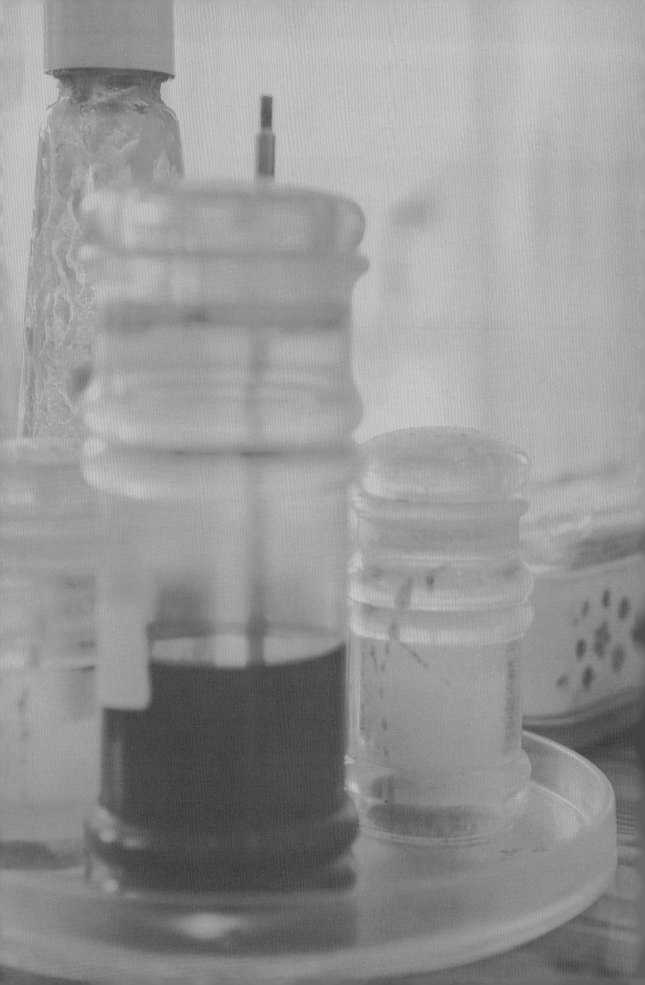

| 那碟肠粉

记得小时候，每到广州探望亲戚，一定会央求母亲带我去吃布拉肠粉。每当看到做布拉肠粉的师傅将雪白的米浆倒进木蒸笼中的布上，过一会儿将蒸笼拉出，将肠粉从布上快速刮下上碟，一碟肠粉从米浆到肠粉的蜕变就在眼皮底下完成了。对于少儿时的我来说，这无疑是一次有趣的美食魔术。特别是在广州西关的老巷子内，趟栊门边上的小店中吃布拉肠粉的情景，已经成为了我少儿时期美味早餐的生活记忆。

肠粉是广东早餐中较常见的街坊美食，用大米磨浆后蒸熟而成，有布拉蒸肠粉、拉粉、卷粉、猪肠粉等多种名称。民间传说，乾隆皇帝游江南时，受了爱吃的大臣纪晓岚的蛊惑，专程到粤西吃肠粉。吃到肠粉时，乾隆赞不绝口，并乘兴说："这米粉有点像猪肠子。"看来无论是皇帝还是平民，对于美食的形容，是大同小异的。在广东肠粉里，广州肠粉和香港的肠粉做法较为接近，都强调肠粉皮雪白，细腻爽滑中带点韧劲，肠粉中可以根据食客的需要，选择不同的配料，在蒸箱中一起蒸熟，如牛肉、猪肉、虾米、鸡蛋、猪肝、鱼片，许多食材都可以和它匹配，蒸好后淋上店家调制的熟豉油，就是一顿小碟中包含各美味的早餐。如果中间卷的是油条，就称为"炸两"了。广州银记肠粉、源记肠粉和新联肠粉，都是传统粤式肠粉的民间代表。

食未肠粉

潮汕肠粉与广州肠粉做法又有点不一样，同样用米浆，打上蛋，加猪肉、菜脯丁，再讲究点的加上蚝仔，还有香菇丝或者切碎的白菜片或豆芽或笋丁，然后上面浇一层芝麻酱和卤汁。无论味道还是口感，潮汕肠粉比广州肠粉都要丰富些。同样的潮汕肠粉，潮州古城附近的，爱加上芝麻酱。而汕头的，却强调粉皮薄，可以选鲜虾，加上切成薄片的番茄和生菜，甚为鲜爽。加上一碗猪杂汤，便是暖暖的一餐。谁说小店不能吃出幸福感？

在东莞东城，商铺林立的东平街上，来"食未"饮食店也能吃到牛肉丸面、肠粉等潮汕风味的小吃。食未占据着一个不怎么起眼的小店面，凭着平民化的价格和美味的出品一直稳打稳扎经营着，我独爱这里的肠粉。潮汕肠粉相对广式的皮会厚一点，用料会比较多样，说是点了个生蚝肠粉其实里面还会有肉沫和芽菜，面皮加上蛋，最后撒上菜脯、淋上酱油做的汤汁，就是一天元气满满的开始。潮汕肠粉的酱汁主要分三种，花生酱、酱油、卤汁，而在食未，热气腾腾的肠粉淋上秘制的酱油，丝丝香气窜进鼻中，偏咸的口味还是很得我这个广东人心的。

庆嘉肠粉

在东莞，出名的肠粉店也有不少，而且基本都是有点历史的，大多装修简陋，靠的是味道与口碑，更有着的是许多街坊街里从小原汁原味生活中留下的成长记忆。如虎门的"地下室肠粉"，在我读初中时，这家店就开在威远桥边上一间下沉式地铺中，没有招牌，于是虎门人都叫它"地下室"。小店由夫妻俩一人蒸肠粉，一人收钱，另外有几个帮忙的阿姨，基本每天早上都会忙得如战场一般，到那儿吃个肠粉打个包，不排队等候几乎是不可能的。小店也从他俩年轻时做到他们的儿子大学毕业后回来与父母一起经营。后来小店悄悄有了个招牌叫"庆嘉肠粉店"。这家店的肠粉如果用广州肠粉的标准来衡量，也许是不合格的，因为粉皮不够薄，甚至有点厚，糯软有余，韧性不足，而且二十年来，都只在每张桌上摆一瓶味事达牌酱油让顾客自己加，从不自己烹煮酱油。肠粉仅有几样选择，招牌肠粉是"三合一"，就是猪肉鸡蛋猪肝肠，还有的就是猪肉肠或猪肝肠，别无他选。粥也只有一款白粥，每天清晨就用腐竹、白果、黄豆细煮，粥看似简单，却清甜细滑。这家肠粉的出色之处在于他们对蒸肠粉所用的猪肝、瘦肉的调味，猪肝肠能做得猪肝鲜嫩入味，微咸却很鲜美。鸡蛋也不会像别的肠粉店那样摊得很散，而是厚厚的，恰处于熟与将熟之间，口味非常嫩滑。一家小店，能二十多年来只做极少的几样食品，仍能吸引食客们坚持排队等吃，确实有着它与别家不一样的绝活啊。

在东莞城区内，最有名的老字号无疑是光明路肠粉店了，也有人叫"光明路烫粉"。只做早餐，坚持无名。如果中午想去找，抱歉，您可能连店都找不到。早上去吃早餐，那很简单，看哪家最多人在排队就是了，要去吃一碟肠粉，等上半个小时是很正常的，等一个小时也不是什么稀奇的事情。这家的肠粉肠皮薄韧，米香十足，配上一支玻璃瓶装的维他奶，在满足味觉的同时，人也如同回到了20世纪八九十年代。

另外，位于东城堑头卫生中心门诊旁边的"云浮石磨肠粉"，采用了优质的米和传统的石磨工艺，使米浆味道香浓。这里能尝到的还有传统的擂茶粥，有健脾、去湿等作用。推荐尝试猪腰瘦肉蛋肠，口味丰富，粉皮滑韧，米味特别香。

大多数肠粉都是早餐供应，如果宵夜想吃肠粉，东城市场旁边的"有荣老字号"的招牌肠粉配炸油条，也是味鲜爽滑的好选择。这些小店肠粉，除了简单价廉的民间美味外，还有着浓浓的民间生活与旧时风貌。所以，想不到吃什么早餐时，去吃碟肠粉吧。

食未肠粉

◎地 址： 东莞市雍华庭东平街

庆嘉肠粉

◎地 址： 东莞市虎门镇解放路49号

云浮石磨肠粉

◎地 址： 东莞市东城区堑头路与砂炮街交叉口南50米

有荣老字号

◎地 址： 东莞市东城区东城南路9号附近

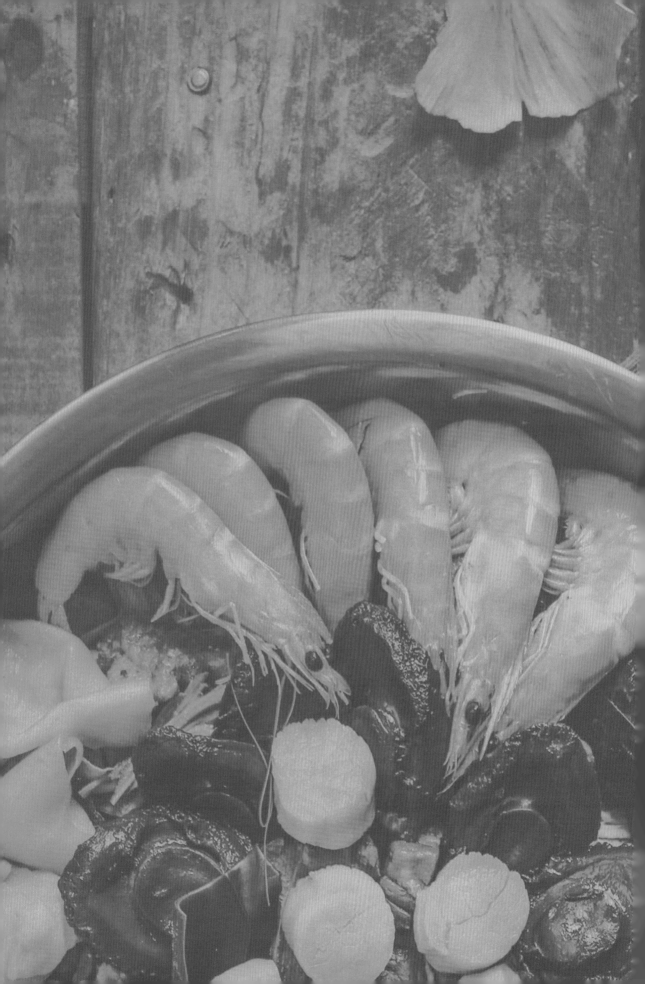

最有团聚感的家宴味道——盆菜

春节，是中国人心中最重要的节日，它最大的内涵是团聚。而在这辞旧迎新时光里，人与人之间最温暖的纽带，又莫过于围餐桌而坐，以美味的食物为媒，在分享食物的同时享受喜气洋洋的团聚感。近期，笔者一直在寻找最符合这个场景的春节家宴美食——盆菜。

说到盆菜这种将二十种食物叠放一盆，然后众人围坐共食的特殊形式，一般会先讲讲故事。广东沿海地区和香港新界都有吃盆菜的习俗，但是追溯起盆菜的渊源，大概有两个版本。

一是南宋末年，南宋朝廷为逃离金兵追赶，杨太后携宋帝赵昰、赵昺败退到广东、香港一带。村民得悉皇帝驾临，为表心意，纷纷将家中最珍贵的食物贡献出来，仓促间以木盆权充器皿，盛载佳肴，凑成一盆盆百家菜，把最贵重的食材摆在最上层再加热后，香气四溢。这也成了盆菜的雏形。

二是盆菜传说的东莞细化版，则始于东莞长安乌沙陈屋，南宋景炎三年（1278）南宋朝廷败退到广东，莞人熊飞以布衣率领义兵，在铜岭（现在的榴花塔位置）斩元将姚文虎。长沙乌沙的李佳也率领义兵抗敌勤王。当年宋帝赵昰来到长安沿海时，勤王大军达20万人。百姓们缺乏盛菜碟盘，于是家家户户用自己储备的猪肉、萝卜，加上现捕的鱼虾做成菜肴，使用木盆将几家所做之菜一层层地叠放在一起，味道浓香丰富，宋帝赵昰连声赞美，从此盆菜就以贡菜身份而流传下来。

盆菜因战事而生，但无意中成了一道符合中国人节日团聚的美食。一家人团聚，目光集中在满满一盆堆放如小山般的美味菜肴上，也有着"盆满钵满"的吉祥寓意。在蒸气升腾起来后浓香扑鼻，大家手持筷子在盆中如寻宝般翻找，越是在盆深处的菜，味道越鲜美。营造出团圆氛围，于是这一道菜中，似乎就包涵了人们对于团聚、美满、丰收的所有想象。

一道盆菜的制作到底有多讲究？我到东莞盆菜做得最好的东海海都酒楼，请教1977年就开始在香港做厨师的资深名厨曾海强先生。这天正好有客人订了盆菜外卖，强哥亲自动手制作并为我讲解一道盆菜产生的全过程。盆菜烹饪方法十分考究，一个称为"东海上盆菜"的盆菜里面，多达24种食材。每一种食材分别经过洗、切、煎、炸、烧、煮、焖、卤后，再层层装盆而成。

盆内组合结构更是大有讲究，一般会分三层：第一层即底层由最难入味的莲藕、萝卜、芋头等组成，这样在煮时，这一层的食材就能同时吸取上面两层食材的各种味道，从朴素无华摇身一变成吸取各种味道的精华。底层还有腊肠，是因为在煮时腊肠的香味会上升，从而丰富另外两层食物的香气。

第二层是擅长吸取上下层味道的食材，如海参、芽菇、支竹、马蹄、浮皮（炸到松化的猪皮），可以想象，底层的香气往上升，最上层的食物汤汁往下渗透时，这一层食材的滋味将是何等丰富。

第三层也就是在最上面的一层，这一层往往是盆中食材最珍贵的或是寓意最吉祥的。如象征着"年年有余"的酿鲮鱼，象征着"发财好市"的发菜蚝豉，象征着"家肥屋润"的扣肉，以及象征着"包有盈余"的鲍鱼等。

喜欢素食的人可选"十八罗汉"素盆菜，用南乳上素汤来煮，用银耳、黄耳、冬菇、马蹄、莲子、竹笙、豆卜等18种食材，竟然鲜香丰富得毫不逊色。

一盆菜肴中就能尝遍各种味道，真可谓难得。"一道这样的盆菜，从采购食材回来，一道道清洗制作到最后成形，一个熟手的厨师需要用多长时间？"我问强哥。"如果不用鲍鱼、海参，那么一个厨师完成所有工序要一整天时间。如果要用到干鲍、海参，就要提前四五天开始制作，前后差不多要一周时间。"

除了东海海都的盆菜是出了名的高品质以外，东莞老饭店的盆菜也是东莞人喜爱的一家，这家的盆菜会有更多莞人熟悉的地方食材，如洗沙鱼丸和门鳝。莞香楼和长安锦绣酒楼也有很地道的东莞盆菜，为市民提供了多样化的盆菜选择。

世人都爱丰富美味，年味更需要用丰盈来体现，却不知一道丰富的美味背后，竟是长达数十小时的努力。所以我想，今年的年夜饭，就带个盆菜回家吧！让妈妈可以不用在厨间劳碌，与家人共同分享这丰富美味所带来的年味浓浓的温情。

莞香楼

◎地　址：　东莞市万江大道金泰路1号

长安锦绣酒楼

◎地　址：　东莞市长安镇锦绣路291号

东莞老饭店

◎地　址：　东莞市东城区东城中路段君豪商业中六楼

东海海都酒家

◎地　址：　东莞市南城区元美东路第一国际中心六楼

快看，这款腊肠里有黑钻石

　　传统广式腊味中，最出名的当属腊肠。东莞腊肠作为一道莞邑古早味，是慰藉味蕾与胃的不二之选。为了能让东莞腊肠走得更好更远，也出于作为美食推广大使的使命感，我前几年根据一直以来对美食的理解，推陈出新，在东莞腊肠中加入国际金贵食材黑松露，给大家带来了新的味觉惊喜。

　　令我想不到的是，这款黑松露腊肠一经推出，便收获如潮好评，连国内作为品质生活象征的电商品牌网易严选，也选择向更多的人推荐这款丰奢滋味。

灵感的缘起

作为一名专业品酒师，我时常在各种场合用到西班牙火腿作为品酒的小吃，一包西班牙伊比利亚36个月切片黑猪火腿，价格为四五百元。于是我不禁想，传统广式腊肠，可否有新的呈现方式？可否同样作为佐酒的小吃？

灵感的升级

有一次游历法国和意大利时，在米其林餐厅里品尝到黑松露的菜式，突然有个想法像火花一样在我脑海里闪现："如果把黑松露加入到腊肠里，香气会不会更加馥郁，从而适合佐酒？"

当时我有些吃惊于自己这个异想天开的点子。后来我仔细回想了一下这个灵感的来源，大概是我看过的清朝《美味求真》一书中记载，古人为了让腊肠香气更加丰富，而把充满柑脂香的陈皮加入其中的做法。

而黑松露，就是以迷人复杂的曼妙香气使无数英雄为其竞折腰的"黑色钻石"。于是我的潜意识便把这两者联系在一起，给予了我直觉般的灵感。难怪古希腊时期，雅典人就认为松露可以唤起对美味的记忆，果然神奇。

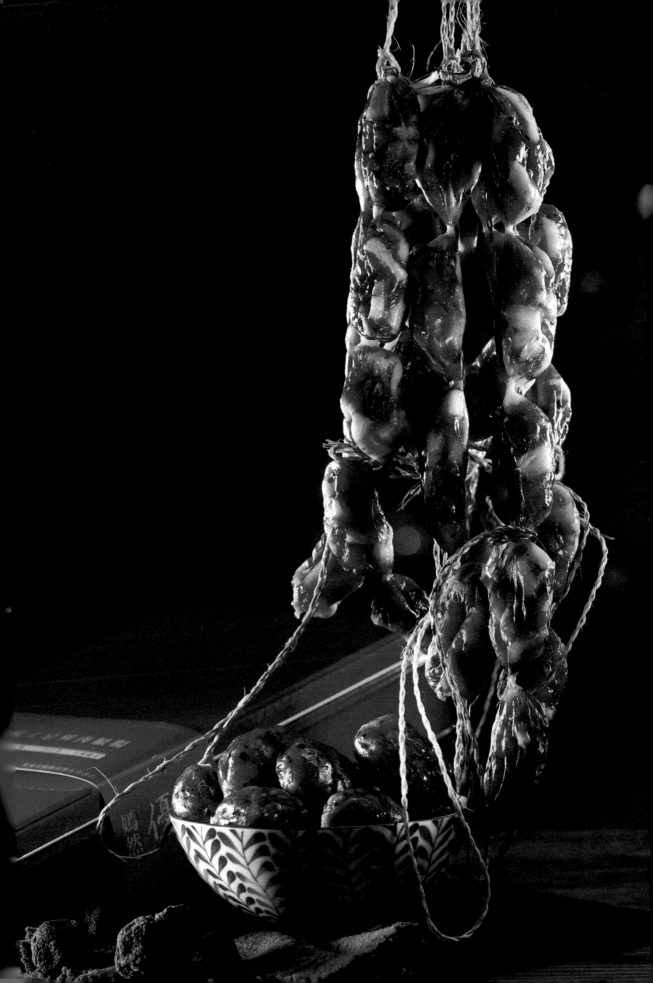

每一口都想呈现最极致的美味

为了让我的"黑松露腊肠"构想化为现实，我便开始了很长一段时间的选料、试味、调整……最后，我决定选用来自意大利与来自云南香格里拉深山的黑松露，让一口腊肠包含更多样的风土风味。

使用窖藏多年的山西汾酒，使腊肠的香味更绵长。

坚持使用传统生晒酱油，历经10个月阳光晾晒的酱油，具有很浓的豉香味，较高的氨基酸值，更好激发腊肠的鲜味。

精选新鲜黑色土猪肉，成本比一般猪肉高出50%，瘦肉部分只能是"贵族肉材"运动土猪后腿肉，肥肉必须紧实。

切粒洗净的肥肉事先会加入一定比例的糖和盐进行腌制，令其更加爽口。这不厌其烦的背后，是为了使腊肠口感更加分明。

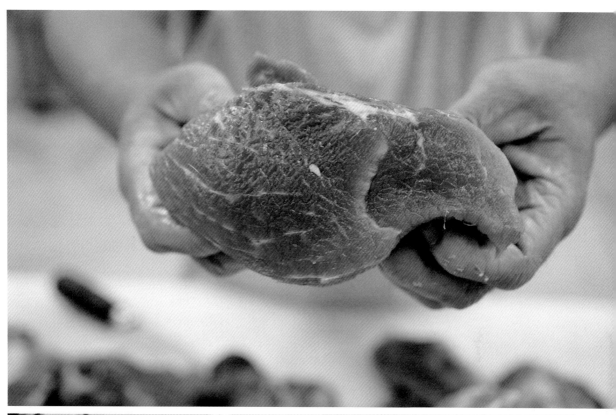

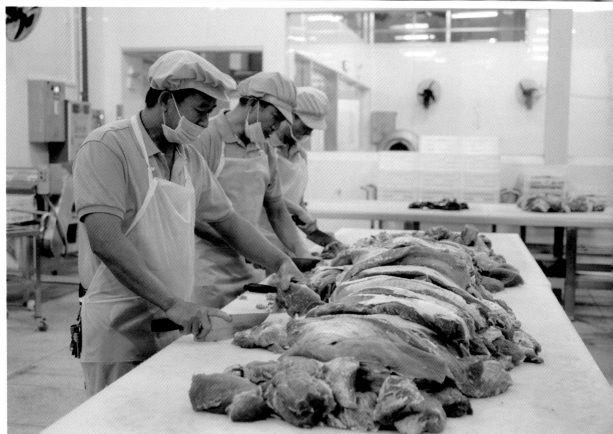

腊肠厂里的"秘密"

极致的美食只留给最辛勤的人，凌晨四点钟，当人们还在睡梦中时，腊肠的生产已经忙而有序地展开，因为第一批新鲜屠宰的猪肉已经运到，工人们要以最快的速度把腊肠制作成型送入烘房。

第一步是人工仔细地挑去瘦肉多余的肉筋，以保证纯正的口感。

机器是解放人类双手使生产走向规模化的产物，但很多人之所以喜欢传统手作腊肠，是因为绞肉机会破坏肉质纤维并使鲜甜的肉汁流失。

1:1还原手工剁肉的机器，比手工还要耐心、仔细的剁肉工序，同时保持风味不减。将调制好酱料的肥肉、瘦肉混合放入真空机中利用气压加快入味。不用人工添加其他成分，盐分和糖分就是天然的防腐剂。

用天然猪小肠肠衣灌肠，非大豆蛋白肠衣天然健康，保持腊肠爽脆的口感。灌肠后扎针，方便在整个晾晒的过程中透气和排风，出来的腊肠才会收缩得干燥笔直。

工人们灵巧的双手用水草飞快地包扎出长短均匀的腊肠后送入烘房烘干水分。拥有几十年烘房经验的师傅会密切把控温度风力，进入烘房的前十几个钟头对腊肠品质起着决定性作用。

一串串腊肠在经历四日左右的玻璃房烘晒之后，还要放于阴凉干燥的地方，静置回油一至两个星期。这一点尤为重要，否则腊肠会失去发酵带来的醇香。

优质腊肠的打开或检验方式

优质腊肠的正确煮法是水煮15分钟，因为要让收缩的瘦肉重新吸收水分，才能让肥瘦的口感更加均匀。如果是用料不实在的腊肠，用这种方式煮出来的口感便会大打折扣。

圆粒的造型是恰好的一口好味道。轻轻咬下，会听到"啵"的一声脆响，紧接着便是包裹着整个齿颊的饱满香气，而黑松露带来复杂微妙的香气更是余韵悠长，让人回味无穷。

还是一款特别的佐酒新宠

由于我们的黑松露腊肠是采用了更加健康的少糖少盐配方，因而它比传统腊肠更加适合佐酒。

水煮15～20分钟之后，将腊肠切片，然后可用火枪炙烧或用平底锅小火煎香，便能感受到松露的香气四溢。咸鲜香口的腊肠薄片，用来搭配威士忌、干邑、红葡萄酒都会让人感到风味无穷。

赋精心予不可见，显不同于长久时。

其实传统的手作食品并不是不再受欢迎，而是我们在追赶的脚步里迷失了做食物的初心。

| 大岭山烧鹅，美味中的人情味

无论是香港还是内地著名的美食家，来到东莞，都一定会吃东莞的烧鹅，因为东莞烧鹅的得天独厚之处，在于东莞有大量的荔枝树，用每年荔枝树砍枝所得的荔枝木晾晒干后来烧鹅，为这道美味添上了神来之笔。

大岭山烧鹅，美味中的人情味

东莞的烧鹅有两种类型，一是用传统大缸烧的脆皮烧鹅，烧鹅炉较大，可同时烧几只鹅。一般会经过吹皮使鹅皮与肉分离，再通过七八个小时的风干使鹅烧完后皮稍厚脆香。第二种是以大岭山为代表的"大岭山烧鹅"，这种烧法一般不吹皮，涂味后用几十分钟吊干即可入炉烧烤。

在大岭山，几乎家家户户都有烧鹅炉，这种在我们一般人眼中的专业级美食，在大岭山是家庭中的传统美食。为了近距离了解大岭山的私家烧鹅，我来到大岭山梅林村的光叔家一探究竟。

知道梅林村的人，大多知道光叔，因为他热情好客，做得一手地道好菜，家中常常高朋满座。光叔家的院子的左侧，就专门搭了一个棚子，里面一字排开五个烧鹅炉。大岭山的烧鹅炉与别处不同，是只容纳一只鹅的头盔状铁炉，炉子如头盔般放在砖炉或铁架上。鹅杀好，经过放血、除毛，上腔涂味后，用鹅尾针封好肚腔，用蜜糖涂皮，吊干几十分钟后，即可入炉烧烤。在调味上也有自己的风格，新会脆皮烧鹅强调用五香粉，而大岭山烧鹅侧重用东莞本地人较喜欢的南乳、糖来调味。

这天的大岭山家宴，光叔在厨房里做菜，烧鹅的工作由邻居邝叔来帮忙。只见他熟练地把表皮已干的鹅的背挂钩从盔式铁炉上穿出，再用一根铁签固定挂钩的铁环，鹅就悬在炉中了。鹅身下放一个碗用于接烧鹅时滴下的油液。荔枝木实际上是在炉口外燃烧，通过灼热的炉温和反射将鹅烧熟。整个过程中，邝叔一直在观察皮色的变化，不时转动鹅身，以使它均匀受热。约40分钟，鹅的皮色逐渐从泛白到淡黄、淡红、金红色、嫣红色最后变成枣红色。春寒中，邝叔已是满头大汗。邝叔还告诉我，除了皮色以外，还有一个指标判断鹅是否熟透，当鹅尾部滴下来的油液从混浊到变得清透时，就表示鹅已熟了。

在火与热、时间与经验的共同作用下，40分钟前那只白白的生鹅，变成了色泽油亮枣红、香气四溢的烧鹅。邝叔把鹅腔切开，倒出鹅汁后，切下一条鹅腿递给我。世界最美妙的食物，除了好的食材、技艺，还要有最好的时机，我想，这大概就是吃烧鹅的最好时机了。刚出炉的鹅，热呼呼香喷喷，皮薄脆金香，肉质嫩滑，肉汁饱满。鹅汁是调味料在烧的过程中，融合了鹅渗出的肉汁，蘸上它来吃更觉鲜香味美。

　　坚持用本土山林的材料，古法烹制。一只鹅烧好，家人好友以食为聚，这何尝不是一种重视亲情人情的生活态度呢？这美味的烧鹅，便成为了从舌尖到心里的温情纽带吧。

荔枝木烧鹅

烧鹅在广东、港澳有多受欢迎？在粤菜的大酒楼小排档都常见到它的身影，由此可见大家有多爱吃烧鹅。在东莞，据不完全统计，有数千家可提供烧鹅的大小餐厅。东莞的各镇均有烧鹅，其中又以大岭山最多。在大岭山镇，许多家庭都有烧鹅炉，有客临门，主人家会热情地亲自用荔枝木烧鹅待客。厚街镇著名的厚街濑粉，也离不开烧鹅这个美味的黄金搭档。

说到烧鹅的历史渊源，是源于南宋末期，元军攻破临安。文天祥与张世杰、陆秀夫等将领陪着9岁的小皇帝赵昺退到广东沿海抗元。一同南下到广东的御厨官厨们，在广东找不到他们擅用做烤鸭的高邮黑羽鸭，却发现广东有种个头小的黑鬃鹅肉质比其他中大型鹅种肉嫩，于是用来试烤。官厨们在新会时，没有在临安惯用的烤炉，就使用瓦制大酒缸在缸下生火代替。这个方法至今在新会还一直沿用着。

接着大厨们又发现，鹅的皮下脂肪没有鸭子丰富，肉纤维比鸭肉韧实，如果用"南京板鸭"的方法来腌、调味，将鹅肉张开来烤的方法会使鹅肉食之干粗，粤语称为"揢口"。如果用"金陵片皮鸭"由腋下灌水的方法来烧，不经腌制的话，在广东的炎热天气下又容易变质。聪明的大厨们想到了在鹅肚内填入生抽、食盐、米酒、五香粉和糖等调味品后，再用细绳将开口处封起来烤的方法。经过这样的调味腌制，既解决了预防变质的问题，又使烧鹅嫩滑带汁，另成一种美妙风味。于是有了今天我们所吃到的皮香肉质松软美味的烧鹅。

为了更好地了解传统荔枝木制作脆皮烧鹅，是怎样把鹅变成脆皮烧鹅的，我特意到中堂镇拜访以"瓦缸荔枝木烧鹅"这道传统广东名菜获过许多国内美食大奖的烧腊名师莫志坚先生，看他亲自示制作脆皮烧鹅的全过程。之所以要强调脆皮，是因为另有不脆皮的烧制法，而这种方法以大岭山镇为主。稍后会提到这两者在工艺上的区别。

车开到莫志坚先生的溢发农耕土菜餐厅门口停下，就看到他与香港食神梁文韬的合影。梁文韬曾多次到这小镇中装修朴素、并不起眼的餐厅吃烧鹅。就让我们一起来看看，把食神吸引过来的烧鹅是怎么样做成的。莫先生介绍，在鹅选材上，要选产于清远的黑鬃鹅，这种鹅属小型鹅种，因肉质嫩、味鲜、骨头小，是珠三角及港澳地区烹饪烧鹅的最上乘的原料。选生长70～76天，重量2.5～3公斤的鹅为佳，这样的鹅肉嫩又有鹅香。

瓦缸荔枝木脆皮烧鹅的制作程序有十几道。宰杀、放血、清除内脏后，送到厨房。从鹅下腹部开一个小口填入用五香粉、酒、酱油等调成的酱料后，用铁针封口。这样的做法一来避免开腔烧制导致肉质干粗，同时在烧制过程中产生的浓香鹅汁仍留在鹅腹中，在食用时再淋浇到烧鹅上，使烧鹅肉吃起来更显嫩滑丰汁，是烧鹅味道的精华所在。

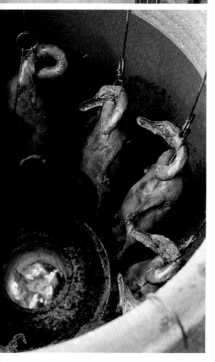

　　腌制后，烧鹅要进行吹皮，用气泵从鹅颈处打气，鹅就会整只像气球般变得鼓鼓的。这一做法可以使鹅皮与骨肉分离，烧出来皮会更香脆，使整块烧鹅吃起来更有层次。

　　然后经过开水烫、再过冷水的步骤后，用麦芽糖调制的饴糖水淋一下，以便鹅皮能烤出漂亮的颜色，就可以把鹅送去风干。由于东莞气候炎热，风干房中要有空调保持低温，并用牛角风扇吹干鹅体表的水分。这个过程需要6～8小时。这是决定烧鹅是否脆皮的关键步骤。

　　经过风干后送进大瓦缸炉内，用荔枝木烧45分钟，一只金红亮泽，皮脆肉香，饱满多汁又带有荔枝木香气的烧鹅就可以出炉了。吸引食神梁文韬前来的，说不定就与这幽幽的荔枝木香有关呢！毕竟在香港，好的烤法易得，荔枝木难寻啊！

　　说到用荔枝木来烧鹅，若想要有最好最微妙的结合，就要把荔枝木放在户外，日晒雨淋一年以后，使树木的生青之气渐去，产生干燥纯净的木香才用来烤鹅。荔枝木在生火时难以点燃，但燃烧起来后，又有火旺、持久、木香清香的特点，为烧鹅增添香味。

　　同样以用荔枝木烧鹅闻名的大岭山镇，在制作流程上则不经过风干，采用腌制后直接烧的方法，这种方法不强调脆皮，却又是另一种风味。在工业化大量取代传统艺法的今天，能品尝到这种带有来自大自然的树木芬芳的传统手工烧制的美食的机会，越来越稀少了。所以，如果有朋自远方来，请他们务必尝尝东莞的荔枝木烧鹅吧！

伟记烧鹅

◎地　址：　东莞市东城区东城大道81号

艳华饮食店

◎地　址：　东莞市莞城区道岗贝市场从村正路3号

溢发烧鹅濑粉

◎地　址：　东莞市中堂镇蕉利村路口107国道旁溢发烧鹅

大岭山烧鹅基地

◎地　址：　东莞市东城区乌石岗工业路品普楼一层
　　　　　东莞市长安镇莲峰北路37号怡景花园

丛林探险只为一口水平鹅饭，寻访深山中的"神仙煮侣"

　　大朗镇水平村，拥有罕见的大片百年古荔枝林，村内高大茂盛的荔枝树随处可见。我们在大朗镇红绣球荔枝专业合作社社长海哥的带领下，走进罕见保留完好的树龄上百岁的荔枝林。而水平鹅饭作为远近驰名的水平村传统美食，也是我们此行的另一个探寻目的。

古荔枝树伸展出巨型茂密的树冠，不少的树干需要两个成年人手拉手才能合抱。

海哥指着其中一棵老树介绍说，像这种百年以上的老树，在水平村就有1900多棵，还有400多年树龄的糯米糍荔枝古树，古树抗病虫害的能力强，出产的果实甜度也比较高。

古树扎根深层的土壤中，穿透不同年份的土质层，所蕴含的风味也会更加丰富饱满。

荔枝林地上铺满了落叶，化作有机腐殖质，给予果树天然的肥料，源源不绝，生生不息。

一棵棵高大的古荔枝树，枝繁叶茂，根须缠绕，像一位位历经沧桑的老人，默默守护着这个古老的村庄，每年馈赠村民大量鲜美的荔枝，见证着水平村的发展变迁。

在大朗镇红绣球荔枝专业合作社社长海哥的带领下，我们驾车走了一段略显崎岖的山路，来到了水平当地、广东人民抗日游击队东江纵队后人华叔的农庄里，打算尝一尝水平鹅饭的美味。

华叔年轻的时候当过兵："当年我外婆是水平村游击队情报联络点的联络人，人称邝大嫂，她经常冒着生命危险煮饭送给东江纵队的队员吃。"说起这段历史时，华叔显得无比光荣。

后来华叔又当过教师、开过毛织厂，最后发现自己还是最喜欢煮东西吃，"从小就跟着爸爸学习厨艺，不知不觉中就学会了，大家很开心地吃着我煮的东西时，我就会觉得特别有成就感。"

如今，儿女都已经长大成人，华叔和华婶便安心地做起了自己喜欢的事情，两口子在山林脚下经营着一家农庄，依山傍水，还有一小片菜地和果园。有时令的蔬果成熟了，也会摘了端上客人的餐桌。

农庄不大，华叔两口子相互协作，就为了时不时和身边一群熟悉的亲朋好友分享美味。不知不觉中，慕名而来的客人越来越多。

　　华叔喜欢煮饭，打扫卫生之类的却不擅长，华婶很多时候便默默地为华叔打下手。

　　有一次客人走后，华婶一个人收拾到很晚，神经大条的丈夫夜深了才发现老婆还在厨房里忙活着。

　　华叔和我们说起这件事的时候，华婶在旁边笑了，笑里带了些腼腆，却全然不见责备。

　　大概白头偕老、相濡以沫说的就是这种状态吧。

　　薄暮黄昏，华叔华婶在厨房里忙碌着。

鹅是我们当晚晚饭的主角。

水平鹅饭以独特手法和工艺烹制，鹅只的肥瘦、配料，以及煮饭用的山泉水、烧饭用的柴火，都有讲究。

"以前这边人少地多，下田耕地有时要翻山越岭，村民们干农活时为了节省做饭的时间，就把自家所养的鹅和米，还有其他的蔬菜混到一起煮，做出来饭的味道却出奇地好吃。"

华叔边忙活边跟我们介绍水平鹅饭的由来。

选用乌鬃鹅做原料，辅料中的糖用红糖，保留甘蔗中清爽、清甜的气息，这是华叔的"秘方"。

腌好的鹅肉与米的比例为1:1，一斤的鹅肉兑一斤米。在传统的土灶上盖上盖子开始煮，用荔枝木柴火烹饪。

待饭煮熟，将鹅肉与饭拌匀，加入酱油与葱花，就可以出炉了。

鹅饭的香气在院子里流动，色香味俱全。

烹饪好的饭完全渗入了鹅肉的香味，每粒饭沾着鹅油，粒粒分开，有嚼

劲，吃起来十分可口。

由于完成整道鹅饭的制作需要40分钟，华叔华婶已经利用蒸饭的时间给我们准备了满满的一桌丰盛的农家菜，每一道都是拿手好菜，让人大呼过瘾。

一份鹅饭
一口美酒
粒粒柴火饭香
醇醇酒香沁心

最难得的，还是一种徜徉于山野中的感受。暮色四合，农家里亮起一盏暖黄的灯，灯光下，张罗好的一桌子菜散发着家的香气。

周遭的的青山绿水隐没在黑暗中，但是我知道他就在那里。心中存一抹悠然，南山自见。

炒猪肠

碌鹅

萝卜焖牛腩

卤水鹅肾猪大肠

花椒蒸福寿鱼

华叔农庄

◎地　址：东莞市水平商贸城（松水路西）

穿梭在新奇又古老的翡翠宫，
老时光里有别样的风情

　　创于20世纪90年代的石龙老字号"翡翠宫"，有一位美丽的主人。微风细雨里，小净穿着一条飘逸的白裙，淡绿的小外套，撑着雨伞款款而来。

老莞味·老时光

从翡翠宫黄洲店的正门进来，一面德国的老钟高挂在墙壁上，在滴答声中，传递着时光的味道。

楼梯下，小净十几年的老友为翡翠宫画下一幅石龙，老火车站的画作，为许多客人带来温馨的回忆。

玻璃窗外树影斑驳，柔黄的灯色映衬下，一座女神的雕像静静放在窗边。小净说那是她的姑丈送的雕像，有七八十年的历史了。

1996年刚创业的时候，平时睡到11点才起床的小净，每天都5点半起床到市场采购，坚持了整整一年，味觉灵敏的她除了研究各种各样的食材，还喜欢做菜。

家酒煮姜水

这天，下着雨。小净为我们点上一煲姜水。

里面聚集了生姜、鸡肉、鸡蛋、猪肝、香菇和自家酿的酒精华。它的汤汁浓郁，带微微的甜味，姜的味道恰到好处，荷包蛋外焦里嫩，吸饱汤汁，香甜。

一碗满满的姜水下肚，整个人都温暖起来，温润滋补，美容养颜。

这煲姜水让不少人慕名而来，也有很多本地人是吃着这里的姜水长大的，他们年轻的时候就爱上这煲姜水，甚至结婚后带着自己的女儿过来品尝这道滋补的姜水。也有的人坐月子的时候，连续订一个月的姜水外卖。

老妈咸汤圆

用瑶柱、鱿鱼、鸡、鱼丸、冬菇、娃娃菜等一起熬煮，煮出浓汤后再放入软糯可口的汤圆，真是鲜甜无比。

翡翠宫以两份传统的美食，守住了老莞味。坐在有22年历史的老椅上，吃着姜水、咸汤圆，听着雨声淅淅沥沥，瞬间回到老时光。

旅游灵感·异域风情

受设计师父亲的影响，小净自小就爱设计，她每年旅游3～4次，在世界各地发现灵感。每次去哪里玩，她就寻得哪里的灵感，翡翠宫每一处都是她的心情历程，到处都是她旅游的脚步。

大厅中有一排充满丽江风情的小包厢，绿色的木板吊挂着小瓶的绿萝，红色的沙发上放着丽江买回来的枕头，沙发后挂着丽江的布，淡雅朴素的麻布用来做门帘。

小净还用船木做餐牌，她说喜欢它的粗犷古朴，那经历风霜的纹路，像人生的历程。

二楼的一间包厢，小净从法国旅游回来后，特意做了个法国阳台，一扇扇木门可180度旋转。

　　从小阳台能看到外面高挂着彩色的灯，那是小净从土耳其带回来的灯饰，充满异域风情，再用荔枝木做点缀，正好与这里出名的果木厚牛扒呼应。

　　在2008年的时候，翡翠宫来了一位曾在美国深造的厨师，他引进美国的厚果木牛扒，还为翡翠宫专门设计了一台用来做果木烤牛扒的烤箱。

　　这道澳洲谷饲牛小排，选用澳洲的牛小排，美丽的脂肪均匀分布。

　　用荔枝木烤制20分钟左右，牛扒六面均匀烟熏瞬间锁住水分，最大程度保留了牛肉的原汁原味，吃起来鲜嫩多汁之余，还增添了果木的独特香气。

　　走廊里精心布置了各种各样的艺术品，比如法国的枯枝果实盆栽，加上一串串绿萝，恰到好处，生机盎然，别有一番情趣。

　　西班牙买回来的布平铺在小桌上，放上西班牙的一个用陶瓷片做成的盘子。

另外的一个包厢则清新优雅，小净选择淡蓝色做墙色，这是比较受年轻人喜欢的颜色，里面有唱K等娱乐设备。

小净说她希望可以走进90后的世界，翡翠宫是不同年代的人不同性格的碰撞，所以惊喜随处可寻。

秘制金排骨炸得外酥里嫩，香甜可口，也是深受年轻人喜爱的菜肴。

爱美丽，挖掘生活美

　　小净每天早上亲自打理花草，别出心裁用吃完的鲍鱼壳种植多肉植物，面对这些花花草草，她露出灿烂的笑容，"你们不知道，五月份的时候，这些多肉植物开的花多美！可灿烂了，都要将人美晕了！"

　　她还利用废弃的木板做成花架，用不起眼的粗木板反复用砂纸磨、用油刷做成天花板，亲自用麻绳围成栏杆。

　　翡翠宫的主人就是这样一个充满灵气、擅长发现生活中各种小美好的女子。在这里，我们跟着她的脚步，穿梭在这个古老又新奇的翡翠宫，感受到她彩色的心情，仿佛去过她曾经走过的每个地方。

翡翠宫

翡翠宫西餐酒廊·扒房
◎地 址: 东莞市石龙镇黄洲裕兴路聚豪华庭
商铺B22(近镇政府)

翡翠宫西餐酒廊（22年老店）
◎地 址: 东莞市石龙镇兴龙中路76号

翡翠宫·简舍
◎地 址: 东莞市石龙镇新城区聚豪华庭B28-
29号商铺

一只几近完美的溏心鲍鱼背后的情怀故事

　　具有葡萄酒专家和美食专栏作家双重身份的我，时常需要介绍餐与酒中的精品。而每当有国外的葡萄酒庄庄主和非常喜欢葡萄酒的朋友来东莞时，我都会选择带他们到这家餐厅——棠心鲍葡萄酒餐厅。

　　一家多年来，无论是菜品、环境还是餐具酒具，各个方面都能让外国庄主们拿起手机拍照不停。

　　要做好一道极致美味的粤菜本不是易事，与口感丰富多变的葡萄酒搭配则更加考验菜品的功底，棠心鲍却将这条险峻的道路走得越来越平坦。溏心鲍鱼，是棠心鲍厨房的核心秘密，这道美味背后蕴藏的是棠心鲍厨师团队八年的历练。

　　这一次，嫣然想与大家分享的是一只完美的溏心鲍鱼背后的情怀故事。入行三十多年，经手过数以万计的鲍鱼食材，棠哥比任何人都更知道一只鲍鱼的好坏。干鲍鱼在禾秆草中发酵产生的温度，在时间的流逝中增加溏心，对于棠哥来说，是这么多年来始终如一的一种坚持。

　　任何的成功背后，都离不开曾经的努力不懈与积累。厨房里的历练，刀与火的考验，让他坚定了从此要在餐饮行业创出一番作为的决心。

　　"20岁出头的时候，已经当上了厨房的行政总厨，管理点心部、烧腊部等几个部门。"作为东莞第一家五星级酒店的"厨房大佬"，棠哥不仅需要从技术上对菜品严格把关，还要从厨房管理上管控大小事务。当行政总厨只是棠哥立身于餐饮行业的一块小小的里程碑，他的决心和毅力，在岁月的打磨中，为一个更大的理想做着准备。

　　原来早在1997年，棠哥就已在南城区华凯广场经营着一家叫"永丰海味"的店。有着大厨身份又是经营者的棠哥，坚持严格把关，逐只精选鲍鱼干货食材，所以在海味食材上，棠哥有着敏锐的眼光和老到的经验。他希望能将海味与团队积累的餐饮理念结合，做出不一样的粤菜。

　　2009年，筹备已久的棠心鲍开业了。棠哥说，他不仅是想将师承香港师傅传统烹制鲍鱼的技术变成美味，分享给大家，更是想要挑战自我，将粤菜的精髓发挥到极致，加上最专业的葡萄酒搭配，最细致的用餐环境与服务，这无疑是一场集用心、信念、技术与专业于一体的持久战。

　　走进棠心鲍，我们会发现，在这里，完美主义精神成为一种信念、一种原则。大气沉着的棠心鲍，有着常人难以察觉但又体贴入微的细节，搭配上世界顶级的手工水晶杯和爱马仕餐具。细致到每一张桌布的挑选要有着视觉的美好，体贴到要有着与食客肌肤接触时恰当的舒适度。

餐饮最重要的就是出品，为了稳定菜品的质量，棠心鲍的鲍鱼、乳鸽、陈皮等核心食材，均由棠哥亲自挑选试菜。他走访了大量的采购点，挑选，烹煮，尝试，再挑选，烹煮，尝试……遴选出的食材，他会一次性进购保质期内一定的数量。不仅是为了稳定鲍鱼的价格，在美味如一的基础上将市场价格波动带给棠心鲍的影响降低；也是为了延长鲍鱼与禾秆草相处的时间，使溏心产生得更加完美。棠哥认为，没有什么比质量更重要，即便面临险阻，他也将这个习惯保持了八年。

　　鲍鱼，是棠心鲍的灵魂，溏心鲍鱼的制作是棠心鲍的秘方，只有经典极致的美味才拥有"秘密"。一只鲜香浓郁、弹牙有嚼头、柔滑有溏心的鲍鱼，必须经过四道精细的工序。

选料：
选吉品鲍和南非干鲍等上等食材。

试菜：
严苛考验这一批鲍鱼的品质。

存放：
禾秆草包裹住鲍鱼存放一年，慢慢增加溏心。

煲煮：
　　一勺鲍汁浓缩了老鸡、金华火腿、猪脚、精肉和凤爪等上好食材的精华，鲍鱼的每一丝肉质纤维都渗入了鲜香无比的鲍汁。

慢工出细活，珍贵的美味值得等待，等待的时间将一口鲍鱼的滋味浓缩升华，蔓延至心中。

在棠心鲍，随处都能感受到棠哥和他的团队精工细作，追求完美的习惯。比如世界顶级的爱马仕餐具，比如经历过数十年时光的陈皮茶。对于有喝早茶习惯的广东人来说，用一壶烧得滚烫的开水泡茶，是一天幸福的开始。

"水滚茶靓"，棠哥深知这个道理。棠心鲍所有的包房、每一张桌台，都配备独立的烧水设备，确保在水滚得最欢畅的时候与茗茶相聚。

为了保证专业的侍酒服务质量，棠心鲍所有的服务人员都接受过专业的培训。我曾在这里举办过葡萄酒会，一晚上十多款不同的葡萄酒与烈酒逐一配餐。每款酒都配一款酒杯，且每个杯子都师出名门，德国、奥地利，酒具的专业度远超许多国际五星级酒店。八年来，棠心鲍损耗的爱马仕餐具数量不超过五个，团队的用心、细致的程度令人惊叹。

在棠心鲍，无论是厨工、服务员还是经理，每一个员工都是棠哥亲自挑选培养的，并根据他们的工作能力进行职业规划。甚至每张桌布都要经过熨斗熨至平整无皱。

追求完美不是出于竞争的需要，而是棠哥和他的团队发自内心的坚持。当我们全力以赴地去做一件正能量的事情时，发挥出的能量足以团结整个队伍。

"一直以来我都喜欢有品质的事物。"棠哥坦言，他希望将自己对精致粤菜的理解和感悟，变成高品质的菜式分享给每一位食客。正宗的粤菜，专业的服务，棠心鲍会将这种完美主义精神继续坚持下去。

棠心鲍葡萄酒餐厅

◎地 址： 东莞市东城区东城东路新世界花园御景
台51-53号

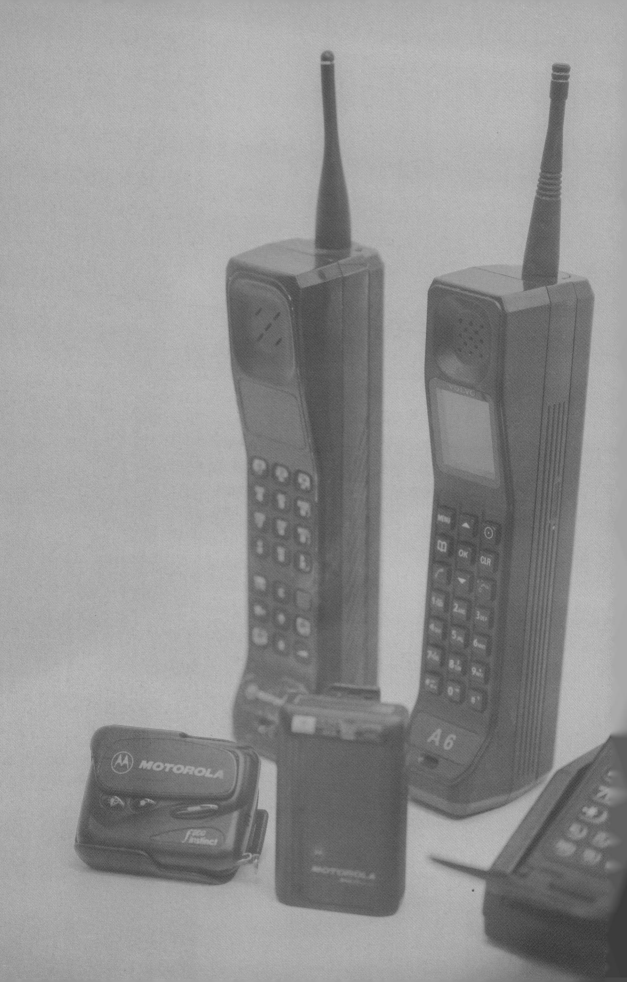

| 粤菜新煮品家常，复古新潮两相宜

用餐环境

会不知不觉地

影响着你的胃口

在温暖、私密的空间中

如回到家一般

自然而然便食欲大开

在不少人的印象中，粤菜味道清淡，远不及川菜、湘菜等能带给人深刻的味觉记忆。而粤菜也意味着一群人团聚在一起，热热闹闹地用餐。

一家好吃的餐厅常见，一家好吃又有设计感的餐厅难寻，幸好，我们遇见了这么一家既有颜值又有内涵的餐厅。

颜值：空间设计。

虽然同样是粤菜餐厅，但这里的环境带给人十足的新鲜感：从灯具，到地板，再到餐具，每一处空间细节都充满巧思。

富有岭南气息的五彩玻璃，灵感源于可园的琉璃窗花，许多细节中融合了东莞的记忆。

仅以一盏吊灯，依靠灯光将用餐空间分隔，营造更私密的氛围。

除了小方桌，这里还有常见的圆桌卡座。约上五六个朋友挤在圆桌旁，体验更亲密、更新鲜的聚餐环境。

新鲜的环境，新鲜的味道，粤菜就要找一些新感觉。

内涵：粤菜滋味。

传统粤菜注重呈现食材的原汁原味，而这家餐厅在领悟粤菜精髓的同时更进一步，在食材、烹饪方式等方面花心思，令粤菜的味道更有层次。

凉拌海樱花

海樱花是产自印度洋深海的一种软体动物，在广东十分少见，适合做成凉拌菜食用。

经开水烫过的海樱花微微收缩，呈现如同花朵般的可爱形状。入口冰凉爽脆，是餐前必点的凉菜。

蓝莓山药

将蓝莓酱裹在山药外，每一片山药吃起来都十分清爽，隐约中还带有奶香味。

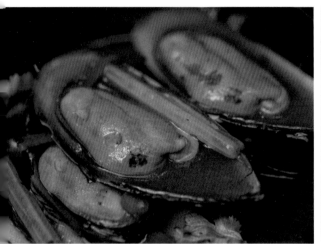

辣酒煮新西兰青口

　　加了花雕和辣椒，青口酥香十足，又带有些许辣，味道相当有层次。

生焗鲈鱼

　　这一道生焗鲈鱼肉质嫩滑。底下铺了一层蒜头，利用生焗的温度，用蒜头逼出鱼肉的鲜香。

　　既有新潮的一面，这里也有怀旧的一面。

　　这里十分有心机地在每一处"藏"了许多老记忆：80后的玩具、大哥大，20世纪六七十年代的缝纫机，以及关于东莞的老照片等。

　　根据不同的年代，还设计"六零后""七零后""八零后""九零后"这几个主题房间，以当时年代特有的一些物品，如20世纪60年代的粮票、布票，70年代的录像带、电吹风，80年代的龙珠漫画等，勾起人们的回忆。

　　除了年代主题，"莞城""莞人""莞味""莞语"这些主题房也各有特色，以老照片、手绘地图等，融入老东莞的记忆。

　　即使在新潮的空间中，也不乏老东莞元素：取自可园的墙面装饰，仿照传统岭南建筑的柱子等。

莞府家宴

◎地 址： 东莞市寮步镇上屯村西南路兆纳
商务酒店二楼

城中有一方雅地，何不回归自然

华裔素食"女神"Daphne Cheng 的故事，被很多媒体关注过。

通过自己做素食摆脱厌食症的Daphne，在纽约翠贝卡公寓里，每周举办两场的"晚餐俱乐部"（Supper Club）需要提前一个月预约，连梦想婚纱设计师Vera Wang、普普艺术家彼得·马克斯等也是她的客人。

Daphne无疑是用新鲜的时令蔬果掀起了一场素生活的热潮。

环形的木柜上陈列了古朴的紫砂壶、雅致的杯子、温润的玉石……长木桌上还摆放着各种各样的茶叶，本以为这仅仅是品茗的雅地，没想到后面别有洞天，是舒适明亮的素食用餐空间。

汝是素这家素食馆不仅环境清幽雅静，还能把时令蔬果变换成盘中赏心悦目又令人满足的美味，它吸引了城中食客，其中不乏一些设计师、白领。

简约的吊灯从高空垂下来，散发出柔和的灯光。立于大堂的水泥柱只经过简单的防氧化健康处理，而餐桌都是回归自然的原木色，雅净而舒适。

从大片玻璃窗可见整座城市霓虹闪烁，车水马龙的繁华，再回望四周这原生态木质的简约空间，这无疑是会呼吸的空间。

流水潺潺中
我推开了包厢的木窗户
发现原来是一块镜面瀑布
坐在草席上
品一壶清茗
心境清净
感受禅境之美

喜欢上这里，不仅是因为它的环境清幽，更是因为这里处处透出禅意。

汝是素除了有佛教书籍、创意陶艺，还有禅意的插花。与花的相伴，品性怡然，仿佛是心湖中的一缕清风，心底的愉悦油然而生。外界的喧嚣纷扰丝毫不能影响到这个禅意空间。

　　和朋友聊起做菜的趣事，她从小就热爱做菜，在素食日渐流行的今天，她也经常在家里研究各种营养又美味的素食搭配……没过多久，一份风味沙拉送了上来。

　　选当季新鲜蔬果配以酸辣汁，色彩鲜明，是一道口感清新的开胃菜。

　　进口的新西兰牛油果有"森林奶油"的美誉，含有大量的酶，有健胃清肠的作用，增添了芥末的风味，再以西柚粒和瓜仁点缀，口感清新。

　　而我喜欢的法式松露蘑菇汤除了有不同品种的蘑菇粒，还有云南的黑松露，再用法式烹饪之法加以顺滑奶油调制，法式松露蘑菇汤香味浓郁，回味悠长。

　　虫草花有抗衰老、降血糖血压的作用；而雪莲菌又有"灵菇"之称，可以保持"阴阳"平衡。再以红枣和圆肉突出汤的甜味，朋友喜欢的这碗雪莲菌炖虫草花汤经过精心慢火熬制后清香甘甜。

百合西葫芦炒羊肚菌　｜　藜麦无花果香梨沙拉　｜　桂花糯米藕

蓝莓山药 ┆ 牛油果塔塔沙拉

山楂之恋

采用泰式的做法，日本的樱桃萝卜脆口，蔬菜颜色缤纷，椰汁味浓，回味无穷。

榆耳富有弹性，营养价值高，有"森林食品之王"的美称；再与鲜美的金草花搭配，开胃可口。

把茄子对半切开，炸熟后洒上特制的酱汁，放入马苏里拉芝士，再进行烧焗。

舀一勺烩饭入口，浓浓的芝士香气与米饭完美结合，还有黑松露独特的香气，格外美味。

汝是素

◎地　址：　东莞市南城区第一国际海德壹号广场3楼

| 观想堂——在美食中探寻东方美学

什么是属于中国人的生活智慧？

经历代代相传的生活方式，在我们不曾注意的日子里延续着游园寻梦、品茶观心、听琴觅友、熏香悟道。这些智慧让我们的生活变得更精致。

南城有一家文化体验馆，地处西平彭眼村，外界的纷扰丝毫不能影响到这片禅意空间。

主人何堂主深植东方文化沃土，体悟东方智慧，用心去呈现东方美学生活，从以香、艺、禅、茶、书、画等国韵元素中获得灵感，并用现代手法将这些元素重新提炼加以处理，精心营造新中式清雅氛围和袅袅古韵，也不失当代人的审美意识。在这里你可以听见潺潺的流水声，优美清新的环境呈现出一种别样的祥和，融合香道、茶道、食艺、宴礼、国风等中国文化元素，在就餐中体味东方传统品德。

以礼设宴

巧思置席

私人定制菜单

焚香　品茗

尊崇膳食养生，感恩天地馈赠，在"和宴"席间感受中国"和文化"。

不求奢华猎奇，取时节天然鲜材，粗粮细做，素荤相宜。平衡膳食以平和气，自然和谐而美好地绽放。

堂主希望通过和宴，弘扬中华"和"之道，在宴席间诠释自然、处世、身心的和谐智慧。

食和羹、听和言、平和气、修和性。在食处之间，诠释人类社会的圆融和气。与家人在这桌宴席中，一同感受家庭团圆和睦，其乐融融。

不仅仅是品尝用心的出品，我想，这更是体会东方美学对生活的意义。

观想堂

◎地　址：　东莞市南城区西平社区国际1街西南巷12号

福咖造食

　　每天晚上十一点半睡觉，早晨六点起床回复外国客户邮件、健身、给小刺猬喂食，然后准点到公司打卡上班，这就是何宇（阿Ken）一天的生活。

有着东莞"光伏小超人"之称的阿Ken从事于光伏新能源行业，平日在易事特上班的他现在身份又多了一重，那便是一家坐落于松山湖兰馨园的餐厅的创始人。

阿Ken从高中开始就一直在创业，喜欢AJ球鞋，并和朋友组建球鞋联盟赚下人生第一桶金。毕业之后回国从事海外光伏新能源电站的前期开发、运营，每年去20多个国家巡展，拜访客户。

"创业能够带给我热血沸腾的感觉，所以我让自己一直保持着创业的状态，这样能感觉离梦想很近，即使失败也不害怕，相信挫折的积累对于未来是一笔财富。"

周一到周五要好好上班，对自己的要求是业绩一点不能落下，周六、周日就在店里帮忙。"忙不过来的时候我甚至会自己下厨。"在英国留学的时候练就了一身厨艺的他，还收获过一帮外国朋友好评。

"初到英国时，我和大部分留学生一样，选择了在中餐馆打工。从洗碗到切配再到炒菜，餐饮这一行仿佛成了生活中的一部分。"

在英国威斯敏斯特大学专修商业管理专业的阿Ken算是科班出身，通过对商业本质的一定认知，促使他做出更能满足用户需求的产品。

这位有自己想法与见解的年轻人，瞄准了松山湖餐饮中端市场的发展空间。

"我想打造一家环境舒适，但是价格不贵、食材健康的餐饮店。无论是商务接待、约会还是给工厂和写字楼里的上班族解决吃饭问题，它都会是一个好去处。"

店里尽管才试业第三天，但是一到饭点时间，客人就一拨一拨地涌进来，以至于阿Ken开始考虑扩张店面。"以后可能还要往外卖业务发展一下才行。"

不满于上班时行政楼里的"国企式"装潢，阿Ken把新一代年轻人所喜欢的"简约""线条""绿植"等元素通通运用到他可以"话事"的这家餐厅里。

暖黄色的灯光被精心地调试过位置与角度，在墙面上投下一片分明的光影。

无论是墙还是墙上的挂画，都有着大面积的留白，有着让人喘息与遐想的余地。

角落里的绿植，安静又生猛地长着，不张扬的绿色营造着一方平和与惬意。

门外那盆大大的多肉乐园，是阿Ken自己买植株、摆饰回来后，一点点地铺植而成的，处处洋溢着童趣。

值得一提的是，角落还摆放着一群小刺猬，作为他养的那群"小刺郎"的真实写照。

又酷又拉风的这辆宝马R-75是最知名的军用摩托车。乔布斯同款座驾，全中国仅三辆。

莞惠城轨已经通车，从东城南站到松山湖北站也就12分钟左右，大家坐轻轨来店里看刺猬吃意粉也十分方便。

在出色之前，必须热爱。

"因为喜欢健身，所以我喜欢吃牛肉，还喜欢吃包、面条，所以我店里的东西首先得是我自己爱吃的。哈哈！"

这个身材健硕的阳光大男孩笑着坦言，自己喜欢吃，也特别能吃。

阿Ken认为的与自己身形相仿的大抱熊，现在是店里的网红代言人。

诚意推荐——窝蛋免治牛肉饭

无论是用十多斤牛骨慢火熬三天收汁淋在饭面上的汤汁，还是大火爆香过的牛肉粒，都是为了呈现更浓郁的牛肉原本香气。

阿Ken自身的饮食理念并不追求重口味，而是更偏向于清淡与健康。

田园野餐派——手作意式肉酱意粉

牛肉酱沫同样需要慢火熬5~6小时，加入果香味突出的红酒增加香气的复杂度。

为了在味道、颜色、香气上达到要求，进口的意大利本土番茄，加入罗勒等香料去熬制酱汁。软硬适中的意粉细嚼透出淡淡的谷麦香。

健身达人心水——油醋鸡肉沙拉

增肌少不了要补充蛋白质，这份荤素搭配的沙拉更是用几种不同的生菜去均衡摄入的营养。

无骨鸡腿肉事先腌制一天，淋上富含不饱和脂肪酸的橄榄油以及意大利黑醋，沙拉也能吃得有滋有味。

轻简包食——蜂蜜芥末鸡扒包

外香里嫩的厚鸡扒选用的是鸡腿肉，肉嫩多汁相当诱人。

蔬菜、鸡扒、芥末、沙拉、面包，从第一层咬到最后一层，滋味在这一口饱满中被全面释放，相当满足。

丝袜奶茶

丝袜奶茶是多数餐厅避不开的一道饮品，用心程度往往在这里立判高下。

粗茶、中茶、幼茶按一定比例拼配而成，无论是奶香还是茶味都是到位的。在环境优雅的松山湖，一杯正宗的港式丝袜奶茶让食客在午后感受一下繁华的都市气息。

福咖造食（FOCA CORNER）

◎地　址：东莞市松山湖科技九路兰馨园P27号
铺福咖造食

没去过这几家饭庄，你还敢自称美食江湖高手

广东人"识得钻窿钻罅揾食"才是真正的吃货。

在我们大东莞的美食江湖里

有些武功高强

个性张扬

坚持传统的餐厅

不对

人家都不屑于叫"餐厅"

这种没有我们大中华传统底蕴的叫法

仍然坚持以四大名著中的食肆命名法自称

那到底叫啥呢？详情且看下面分解

聚贤庄

既然是群贤相聚之地

必是风水宝地

进庄的路有点曲折

途中风景古朴静美

沿着绿树成荫的东江边小路才能找到

庄中最高的房间可以近眺矗立在江畔

建于明朝万历年间的金鳌洲

庭院深深几许

房间名以武侠小说中的武林门派命名

你想投身姑苏慕容派

还是逍遥派

庄中最具成名的绝技是这个
只见外表温婉的厨神姐姐发功
施展了一式来自西藏密宗的火焰刀

那来自清远的黑鬃鹅因自幼好吃懒学
没学到段誉公子的六脉神剑
无力招架
硬生生被神仙姐姐那大半瓶红荔牌红米酒加火焰刀
一招击倒
在酒与火中涅槃
成为香飘东江
引无数江湖吃货尽折腰的"顺德醉鹅"
用兰花拂穴手切出薄如蝉翼的鱼片
谁来应战
用五斗米神功催出的粥油浸熟
看了真想吃完再练功夫
用天山折梅手采花
以火龙果与银鳕鱼同炒
这道清丽妙曼的水果菜
想必是小龙女姐姐才想得出来的吧

话说这聚贤庄原来只是几位情同兄弟的好友，为了给自己找个落脚吃饭的地方，请了顺德厨师做菜。一直也只想低调地藏身于江湖一隅，没想到招式可藏，香味难掩，竟然被许多食客跨桥渡江而来觅而食之。从此这里成为东江水岸边上，老宅子群中的一个美食私藏之地。

醉鹅	水煮鱼
鲜汁虾	杏鲍菇炒牛肉粒
芥末水东芥菜	糖不甩

聚贤庄

◎ 地　址：　东莞市万江金鳌路177号

图腾如意楼

要是只让我用两个字
形容这座楼
形容楼主
那就是
"任！性！"

这如意楼可能是东莞最早的一家不能点菜的酒楼

多年来规矩照旧
来多少人 按人头配菜
给啥吃啥
你说任性不任性

但任性归任性，要不提前预订
来到连落脚的位置都可能没有
这楼规不得不从

诸位看官可能《鉴宝》栏目看得少，也没留意那根灰不溜秋的柱子。嫣然于是体贴地放张大图亮亮诸位官人的眼，这如意楼里的柱子是清光绪年间的。

这楼里到处都是比你老——不对，是比你我加起来都老的手工木制品，有点时光穿越了的氛围。

说到任性

很想把楼主拉出来打一顿

虽然我明知道打不过他

约好了去拍几个楼里的招牌菜

结果去到煮了一大锅东莞咸汤圆

手搓丸子，用自家农场走地鸡和鲩鱼煮汤，就是不加东莞传统配方爱用的鱿鱼干和虾米冬菇，说要的就是新鲜的清甜。

与别家门派不同的还有，加入脆肉鲩来让口感更特别更丰富。这里专门为这咸汤圆准备了鸡公碗，一大海碗地端吃更是有怀旧味道。

"很好吃，平时也能点吗？"我问。

"平时不供应。"

"那你给我拍照干吗？嫣然粉丝看了慕图而来吃啥？"

"那让他们提前打电话来订吧，反正临时来就是没有。"

"太任性了……"

楼主看我快气哭了，总算慈悲为怀地让人端了份烧鹅给我
拍拍，总要有个平时更易吃到的菜才对得起嫣然的粉丝嘛。

"来一张旋风扫叶腿的局部特写。"

这张图的效果是——
我一回家，我家老妈就迎上来问：你刚才发朋友圈的烧鹅
是哪家的？看起来很好吃啊！
好吧，这就是任性的资本。

图腾如意楼

◎地 址： 东莞市石碣镇同德路75号 (近桔洲)

余乐居茶楼

这家深藏在东城某工业区里的茶楼
掐指一算
我已经光顾了十几年了
还是这么好吃
噢，曝露年龄了

入楼有机关
桥下有鳄鱼
施展个乾坤大挪移过桥去

这茶楼的招牌菜有下面这些：

鲍汁鳄鱼尾

还有各种鳄鱼菜，比如南北杏炖鳄鱼汤。

鳄鱼肉有很好的治疗咳嗽的作用。鳄鱼肉脂肪量低，含有非常多骨胶原，化痰止咳，对于支气管炎、哮喘有着非常好的辅助疗效。

芥末捞鸡

浓浓的芥末味让人一口下去一个激零

如遇北冥神功

鲫鱼炊饭很好吃

把鱼细细地起了片

火候刚好，细嫩鲜甜无骨

最适合爱吃鱼的懒人

这是嫣然认为东莞最好吃的擂沙汤圆

没！有！之！一！

质感和味道都丰富香浓

软糯而不腻

麦香和流沙蛋黄的香组合得特别出色

小楼侧边有一排玻璃屋

午后时阳光斜斜地透过树叶

一点点地洒下来

喝喝熟普

特别有感觉

对了

这家茶楼的主人收藏了不少老茶

没去过这几家饭庄

你还敢自称美食江湖高手

密探亦已出派各路高手四处找寻

各位客官且留步

看我嫣然出招

余乐居茶楼

◎地 址： 东莞市东城区主山小塘堂塘中路2号

私享——推荐东莞8间潮菜馆

潮菜有很大的魅力，在全国都有极高的地位，无论到国内哪个大城市，说到最贵最好的餐厅，往往离不开潮菜的身影。

但若说到最接气地美味亲民，又离不开许多分布在大街小巷中的潮汕砂锅粥或潮汕"打冷"，嫣然经常接到朋友和粉丝的咨询问东莞哪些地方有好吃的潮汕菜。

为了给食家们提供全面的潮菜资讯，嫣然在一一亲自探店后，向大家推荐8间从精细潮菜到家常潮菜，从牛肉火锅到大排档，无论价格高低，味道都经得起推敲。潮汕美食地图，供吃货们备用。

潮菜窥美

说到潮菜之美，我认为不仅仅能充分体现沿海新鲜食材之丰饶美味，更重要的是可以透过潮菜烹饪体系的形成去追寻历史。

潮菜体系的形成，始自唐宋两朝，这是中国古代饮食文化的辉煌时期。唐朝时，大文豪、思想家韩愈被贬至潮州期间重教兴学。

宋代宰相先后到潮州的有陈尧佐、吴潜、赵鼎、陆秀夫、文天祥、张世杰等身为百官之首的人物，他们对促进潮州文化与中原文化的融合都做出了不小的贡献。

到宋代时，民间饮食出现了"夜市直至三更尽，才五更又复开张"的繁华景象，从宋帝为首的文雅、享乐之风至市井，助就了饮食、烹饪的空前发展。

可惜在宋末时期，元军南下，宋朝军队节节败退至广东，在新会到潮汕一带沿海展开了长达八年的抗元斗争。小皇帝赵昺，被元兵追得无路可走时，还曾逃上潮州凤凰山乌崇顶，从此留下与娃娃鱼、护国菜有关的传说。

崖山一战，宋军大败，丞相陆秀夫背着年仅9岁的皇帝赵昺跳海殉国，忠臣兵民等十余万人追随其后投海身亡，从此宋朝灭亡，由北方游牧民族建立元朝掌握国家政权。

我们今时到北京故宫周边品尝许多老店，传承的亦是以游牧民族文化为主的饮食风格。若论中华饮食之精细风雅，要到苏杭、广东来寻。

然宋朝虽亡，在南方沿海的多年抗元斗争中，皇亲大臣们携带御厨、官厨前来，改朝换代后，这些御厨、官厨及家佣们就只能隐去过往经历，深藏民间。

但也因为如此，唐宋时的饮食文化在原本的南蛮之地悄然繁衍生息。潮汕人传承了唐宋思想、哲学与智慧之道，结合沿海的丰富物产，构筑出独有的顺应自然之时序的饮食哲学。

在潮菜中，"当时"和"应节"这两个概念是最常出现的。"当时"就是顺应时序。比如海瓜子、黄虾盛产于春末至夏季，这时吃这两种海产最宜；秋季到冬季，则是吃生蚝和沙虾的时节。

有食家曾说过："食在广州，味在潮州。"潮菜的特点是"清而不淡，鲜而不腥，郁而不腻"。特别重视配酱配味，不同菜色，配不同酱碟，一菜一碟，各有讲究。

同时潮菜擅长把蔬菜果品粗料细作，如护国菜、糖烧芋泥等。我们隐隐能在这些对自然天时的敬重，对饮食一丝不苟的仪式感中，去寻思唐宋时期的那些古典雅致的美好。

而与潮菜相遇，潮菜讲究的精细之味，讲究食材的应时应节，也是一种经历了悠久文化传承的味道。

唐邦家宴

　　唐邦家宴（以下简称唐邦），从2008年经营至今，不知不觉已走过了十年。唐邦的装修很讲究，大门与房内尤见古朴大气，可能这会让很多潮汕吃货因贵价望而却步，但其实相对于精细潮菜来说，这家性价比是很高的。每天从汕头运来新鲜的食材，是唐邦对食材的坚持。

　　唐邦的张老板还收藏了各式各样的"宝贝"，比如多数爱茶的潮汕人钟情的单丛、二十世纪七八十年代的老洋酒、十年以上的老花胶、以茅台为主的众多白酒，更是把十七大名酒都集齐，这里也像是个小小的典藏馆。

野生苦瓜炖大连鲍

来自缅甸的野生小苦瓜，售价远高于一般苦瓜。先苦后甘的它与鲜美的鲍鱼煲出鲜甜、消暑的一口炖汤。

清炒红脚芥兰

来自潮汕地区的红脚芥兰，口感脆嫩清甜，把握住火候的清炒便足矣。

鲍汁焗金瓜

台湾来的小南瓜，皮青肉红，口感更较一般的南瓜粉、糯。有意思的是，张老板告诉我们，想要吃出它的甘香口感，用铁匙舀起会比用瓷匙效果更佳。

朝阳戈饭

这是一道工艺繁复、费时耗力的传统美食，多数只有自家制作才能尝到这份鲜香，所以能吃到这口家乡味道的客人都会觉得惊喜。选用应季的6月、7月的芋头，虾仁，五花肉等材料蒸半熟，再搅拌至全熟。多一分则干、少一分则生，十分考验厨师对熟度、口感的把握。

唐邦家宴

◎地 址： 东莞市东泰花园南门旁(德方斯赛纳楼首层)

天天向膳

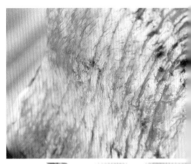

这家店的老板是个对吃十分执着与讲究的人，在家乡杨梅上市的季节，不惜驱车几百里往返东莞与潮汕之间，只为吃上当日采摘的乌酥杨梅。所以在经营私房菜时，他对食材的要求也十分严格，大部分食材和配料都是当日或隔日从潮汕采购过来。以自家食堂的要求那般去经营，有潮汕人记忆中的古早味，也有偶尔变换新菜式的创新追求。

对食材的讲究除了体现"新鲜"和"时令"，同样体现在"悠久"和"陈韵"上，比如十年以上的老菜脯，再比如一块珍藏级的老花胶，在这里都能尝到。陈藏十年以上的花胶，足足有两厘米厚，在阳光下散发出金黄的色泽。

这家店也没有选择繁华的街区，而是藏匿于元美路丰硕广场后铺。不设大厅，只有四个不同规格、不同风格的包厢，尽显私房菜的尊贵与独享性，让人们在有如家庭的氛围中享用一份份精细的美食。

这里的大厨方雄文，作为特级潮菜厨师，擅烹海鲜，一道古法烧响螺让我们品尝到了响螺肉的嫩滑爽口。

潮菜善烹海鲜，而"大响螺"则是潮菜海味之首，响螺生长非常缓慢，七年左右才能长出一斤肉，且只能人工潜入深海捕捞。这道古法烧响螺用料、做工繁复，是十足的贵价菜。

梅汁蒸鲈鳗 | 蜜汁天麻拼生腌膏蟹

　　这道菜的火候把握得十分出色，多一分，鲈鳗的肉质则老，少一分，酸菜与梅汁的酸度则欠，柔嫩与恰到好处的酸感让人禁不住感叹：原来鱼也可以做得如此"清新"。

卤水老鹅头

老菜脯海参粥

芙蓉炒翅

天天向膳

◎地　址：东莞市 元美路丰硕广场后铺

颐和隆食府

在大多数食客心中，潮菜是好吃偏贵的，偏偏颐和隆食府是这么一家好吃又不贵、食材好又实惠的潮菜馆。

颐和隆食府的创始人是来自潮汕揭阳的陈森雄先生，在饮食行业深耕了二十多年的他一再强调"食材好，食才好"，对食物原料有所要求的颐和隆食府在执着认真的经营下，出品越来越赞。

　　潮汕人天生有着美食家的挑剔味蕾，对美食有着不一样的执着。"一鲜二肥三当时"就是潮汕人吃海鲜的秘诀。颐和隆食府的海鲜种类很多，每日有从海里打捞上来的野生鲜活海鲜，一上船即冰封，靠岸后即刻装车从潮汕运来东莞，源头直供，以极低的毛利来定价。

卤鹅拼盘

其独特性在于卤汁不仅会加南姜，还会加入炒香的虾米，有时卤几只鹅就会用一斤多虾米。

盐煲熟什鱼

一道传统的渔家菜式，小鱼不加多余的佐料，简单的做法反而做出了异常鲜美的菜肴，于是流传到了今天。

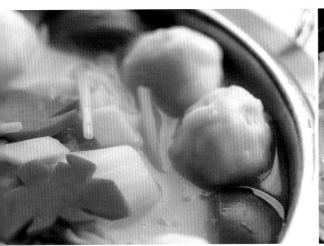

黄芽白煮墨鱼丸

墨鱼丸取自肉质紧致的成年墨斗鱼，嚼起来有弹性又绵软。潮汕特产的黄芽白皮薄、无渣，煮得越久越好吃，细嫩鲜甜。

鲜虾仁笋丝煲

每日从揭阳运过来的自家种的竹笋，人工堆土，让竹笋不受日晒以保证鲜嫩的口感，是一道清脆恬淡的菜肴。

　　经营着地道的家乡风味，一道家乡菜，若取材都不地道，最终做出来的难免有失风味。颐和隆食府始终不忘初心，希望借助美食去传承潮菜文化的精髓，去唤醒潮汕人的味蕾和思乡之情，传承潮菜文化的味道。

颐和隆食府

东城分店
◎地　址：　东莞市元美路丰硕广场后铺

寮步总店
◎地　址：　东莞市寮步镇蟠龙路与香市路交叉处

大朗分店
◎地　址：　东莞市大朗镇康丰路45号一楼、二楼

峰景高尔夫球会 · 御潮轩

　　这家开在峰景高尔夫球场里的潮菜馆，是东莞开得较早的精细潮菜餐厅之一。我特别喜欢进入峰景高尔夫球场的路，两侧参天大榕树，如一条天然绿色长廊，球场绿草如茵，清静优美。

　　出品如大多数五星级酒店给人的印象，个性不算突出，味道中规中矩，很适合注重周边环境的私密饭局。

白果芋泥

　　这个很好吃，芋泥做得绵滑软糯，冰糖的甜与芋的香一直是很舒服的搭
配，这道甜品可以点赞。

冻乌头鱼配黄豆酱
....
榄菜牛肉饭

峰景高尔夫球会·御潮轩

◎地 址：东莞市东城区迎宾路8号峰景高尔夫球场内高
尔夫酒店一楼

五哥潮汕美食府

南城西平的五哥潮汕美食府，1500平米的面积足够大。以私房菜加大排档为特色，汇聚的地道潮汕美食，既有大众菜系，又有高端菜系，价格从人均50元到1000元。

明档特色菜接近100种，卤味等"打冷"、煎炸小吃、大盆菜和海鲜都可以在这里尝到，几乎可以满足每个人的胃。出品在能够满足大多数人口味的情况下保持选材的讲究和特色。

蘸上搭配的韭菜水的普宁炸豆腐是不少食客的最爱。

野米与松仁搭配，有补肾的功效。用的是90多元一斤的优质野米，口感有弹性。

白果焗鲍鱼

　　"打冷"乌鱼是潮汕人逢年过节必备的一道菜，肉质紧实，入口香醇。
蔬菜的清甜与墨鱼爽口弹牙互相衬托、恰到好处。

五哥潮汕美食府

◎地 址：东莞东城乐达汽车公园（五哥）潮汕美食府

臻悦·老林味觉

如果说以上的都烟火气盛，那么给大家介绍一家足够"佛系"的私房菜吧。我知道城中的老饕早已不满足于吃，这里有茶、有酒、有美食，有朋友老林的一片赤诚，是闹市喧嚣马路旁，用理想打造出来的清凉歇息之处，或许，它也合你的胃口！

说它"佛系"是因为主人就是个随性的人。装修追求的是简约，做的是减法，一间雅舍一张茶桌，窗外闲风随冷暖，壶中清友自芬芳。为了保证食材的新鲜，臻悦私房菜不设菜单，也不限定菜式、菜系，所有到店的客人需要提前一至两天预约。

这里的每一桌都会配上不同的餐具，都是林希淘回来的宝贝。如此一来，客人在进餐的时候，味觉、视觉、触觉上都和主人产生交流。

潮汕"打冷"鱼饭

淋上普宁豆酱，配合默契，俨然一体。

冻红蟹

　　把蟹冷冻至麻木后，放入水中煮或蒸熟，然后放入冰箱，从头至尾保持了蟹的原状，直至端上桌，橙白的色泽从视觉上就带给人新鲜生猛之感。

慢炖小牛肉

　　每一寸牛肉的肌理都是会呼吸的，充分地吸收着酱汁的浓郁。加入糖、盐、酒、油等几样家常调料罢了，但是组合出来的味道让人回味。

　　这些菜虽然在摆盘上不像传统的潮菜，但实则吸取了潮菜的精髓，比如讲究原汁原味，讲究不时不食，比如越简单、越能够体现食之本味的理念。

臻悦·老林味觉

◎地 址: 东莞市南城区博客公寓A11

秋夜觅食记

秋意正浓，天气骤冷。

在东莞，我最喜爱喝的是福记的羊肉汤，虽然是一间不起眼的大排档，但在冷冷雨夜中趁热一尝羊汤，只觉入口清甜，毫无膻腥味，一股暖意从腹中升腾起来。

"药补不如食补，食补不如汤补。"

秋季正是温补的时候，羊肉煲甘温，能温阳散寒，补益气血，还可以改善手脚冰冷，达到强壮身体的目的，羊肉煲是滋补类煲。

老板兼厨师阿森出生于潮汕的厨艺世家，80后，1999年开始进入厨房，2008年来到东莞，从此喜欢上这个舒适的城市。

虽然从一家大排档开始，但他一直对食材十分讲究，大部分的食材源于家乡饶平。而且森哥坚持做价格最平民化、味道最地道的潮菜，这让福记不仅深得街坊百姓喜爱，还受到一些媒体的关注。

福记用潮汕做法，把整只带皮的羊用慢火炖几个小时，在炖的时候先放南姜和中药材，中途加入腌制的柠檬以去腥提鲜。羊肉炖好后吊干。再用羊肉炖的原汤加入枸杞、当归、红枣、胡椒做汤底来煮羊肉。

有的人不喜爱羊肉，只因为曾经吃过膻味极大的羊肉，留下些许心理阴影。烹饪大师阿德里亚说，"没有不对的食物，只有不对的人。"

也许福记的羊肉煲能让你丢掉对羊肉的偏见。

一边喝着热汤，一边把羊肉羊杂捞出来蘸着酱油来吃，尤其爱那带皮的羊颈肉，口感爽滑，嚼劲十足，越吃越香。

此时，再加上一份饶平的珍珠蚝，刺溜吞进一只又一只，直教人满心欢喜。潮汕历史上出名产蚝的地方很多，饶平的蚝品质为最佳。小小的蚝肚泛着珍珠光泽，咬下去，天然浓郁的蚝汁从蚝肚里爆浆而出，齿颊留香。

阿森还是个做菜很有天赋的人，虽然受家乡菜的启发，但他认为好的味道不应该被拘束，乐于创新的他擅长用各种天然食材的酸味调动海鲜甚至蔬果的鲜味。

比如说这道金不换酸梅炒花甲王，金不换以植物独特的辛香使花甲王去泥味提鲜味，咸酸梅的味道与花甲王结合产生复杂多层次的鲜味，令人食指大动。另外，秋冬的青口格外鲜美，也是采用这个做法，食客们可以一试。

金不换炒海瓜子也是潮汕名菜，海瓜子如一把把小扇子纷纷打开，轻轻一吸，雪白嫩滑的肉就"鲜沥沥"地落在舌头上了，很是过瘾。

在如此丰盛的潮菜饭桌上
最终落在"糜"上
酒足饭饱的一碗潮汕白粥
由奢入俭，妙不可言

在秋风瑟瑟的夜晚
一碗热腾腾腾的羊汤
一桌地道的潮汕菜
任谁我也不换

番茄炒菜花	卤水
带皮羊肉	羊皮
鱼饭	韭菜果

福记潮菜馆

火炼树泰和店
◎地　址：　东莞市东城区火炼树泰和商业街（原红馆KTV左侧）

主山大井头店
◎地　址：　东莞市东城区大井头路与东宝路交界处翠榕苑（东莞农商行隔壁）

福记大排档

◎地　址：　东莞市东城区泰和商业街火炼树村红馆KTV左侧

天馥红酒私房菜

　　这是一家如空中别墅般的潮汕私房菜餐厅。乘电梯上楼，四层的空间，每一层皆别有洞天。

　　相对前面介绍的几家潮汕餐厅，天馥在葡萄酒方面较为专业，酒窖中有主人精心挑选回来的各种美酒供食客享用。有来自法国波尔多左岸、右岸的精品酒庄酒，也有让全球资深爱酒人沉醉的法国勃艮第葡萄酒。香槟、白葡萄酒、红葡萄酒都有上佳品味的选择。

　　当然，亦有目前风头正盛，非常适配潮汕卤水的日本威士忌。

　　我超爱天馥的这间有玻璃屋顶茶房的房间，每次傍晚来到，先在茶台前喝一泡花蜜香缭绕的单丛茶，再开始美味的晚餐。

　　夜色下，在天台上眺望虎门美景，一支雪茄，一杯威士忌，聊聊人生的期许，想想大湾区未来的变化，堪称是一次完整且美好的味觉之行吧！

石榴球

精致可爱的粉皮下藏着清爽的虾仁和笋丝，味道鲜美甜嫩。

冰皮鸡

用秘制中草药腌制后过冷水冰镇，冰爽香脆的鸡皮入口一刻十足让人惊喜。

黄金蛋黄卷

作为一道在潮汕地区随处可见的小吃，想要做好却不容易，里面有咸蛋黄与一层用白糖腌制成透明状的肥肉叫作玻璃肉，入口咸香与清甜交织，少许的橘子皮是点睛之笔，化解油腻之余使蛋黄卷的口感层次更为分明。

鲍汁扣鸡枞菌

黑椒牛肉粒

白果芋泥

薄壳米卷

天馥红酒私房菜

◎地 址：东莞市虎门镇太沙路正扬街2幢8-11楼

把徽菜做出灵魂，与徽州滋味喜相逢

　　"一生痴绝处，无梦到徽州。"徽菜为中国八大菜系之一，具有深厚的文化底蕴和鲜明的地域特色。在东莞，想吃到地道的安徽菜说实话不容易。且不说厨师的技艺，光是食材这一层能过关的餐厅就寥寥无几。

　　但有这么一家餐厅，可以吃到安徽菜，喝到安徽名酒，品到安徽茗茶，把安徽"搬"到了东莞。

美食，是连接天南地北的纽带。郝军是土生土长的安徽人，凭着对安徽和徽菜的热爱，在东莞做起徽菜。"让安徽游子可以吃到家乡的味道"，因为这一想法，郝军于2004年，在莞城天宝开了第一家喜香逢徽菜。十年磨一店，2014年，喜香逢在南城开了第二家店。

粉墙黛瓦、小桥流水，青砖马头墙……喜香逢是一家致力于展示安徽文化的餐厅，这里的建筑在风格上充分体现了徽派特色。环境清幽雅致，装饰上大量运用安徽元素，而且每一个物件都有讲究。中堂处，东边放一个花瓶，西边放一面镜子，中间则放一座时鸣钟，象征终（钟）生（声）平（瓶）静（镜）。

为了设计好南城店，郝军专门把设计师带到安徽。他和设计师一同游黄山、走青石板、看马头墙，让设计师了解安徽，最终做出令他满意的设计。

眼见为实，自助点餐

喜香逢的点餐模式，与常见的菜牌点餐有所不同。这里使用眼见为实的点餐方式，将实物呈现在顾客面前。点菜不用菜谱，吃什么一目了然。

顾客进门先拿块小黑板，喜欢哪个菜就把贴了菜名的磁石贴在黑板上，点完菜把小黑板交给收银员结账，就可以坐着等待上菜了。

盐重好色，轻度腐败

盐重好色，是指菜肴入味深；轻度腐败，是指发酵过的食材。

打卤猪手

这款打卤猪手获得"2016东莞钻石名菜"奖，咸咸凉凉的，肥而不腻，且外皮爽口有弹性。

徽乡酱牛肉

这里的"酱"与我们理解的不同，是一道凉菜。牛肉色泽酱红、油润光亮、回味十足。蘸一下料汁，味道更足。

黄山臭鳜鱼

这是一道传统名菜，制法独特，闻有异香。鱼腌后烧，肉似臭实香，嫩而鲜美。用筷子轻轻夹起一块蒜瓣状的鱼肉，接近鱼骨的地方会显出一点点浅粉色。

胡氏一品锅

这是一种多层次的组合菜肴，小火慢炖，把多种材料的口味融合在一起，体现了传统徽菜的"重油重色重火功"的特点。

徽式酱排骨

说到酱排骨，不得不提徽式酱排骨。成品色泽红润，肉酥汁浓，咸中带甜，骨肉能轻松分离。

绿笋干烧蹄筋

笋香，蹄筋软烂入味，非常下饭。

有头有脸

这道菜的名字非常有意思，选用上好的猪脸肉，寓意款待宾客有头有脸。夹一片猪脸肉蘸上特制的酱料，放在面皮上，一口咬下去，面皮和猪脸肉相得益彰。

手把羊排

手把羊肉能体现羊肉的鲜美，原汁原味，而且羊肉没有膻味，每一口都是享受。还可以添加黄心菜、粉丝等到锅里一起煮。

油酥烧饼

烧饼是安徽人餐桌的主食之一，这里的油酥烧饼外皮烤得酥脆，内里是每一层都揭得开的柔软的饼芯。

吃得出来，喜香逢徽菜对每一道菜都花了心思，体现出了徽菜的精华。看似粗朴厚重的菜品里，隐藏了徽菜的饮食文化。

三鲜锅贴

手工杠子馍

元宝银鱼水饺

喜香逢

天宝店
◎地　址：东莞市莞城区天宝路6号首层

新基店
◎地　址：东莞市南城区新基路2号

辣之世界寻味

从舌尖渗到骨子的热情豪爽
除了辣
还有哪种味道能胜任

本篇，我们盘点一下
世界上嗜辣如命的国家与地区吧

中国辣

　　中国的辣可是有趣多了，不同的辣成就千万滋味，可谓"浓妆淡抹总相宜"，川式浓辣百味聚集独步天下，重庆泼出麻辣诱惑，台湾香辣脱颖而出。

　　玮小宝是川辣中的佼佼者，秘方的辛香料用得考究，还必须四川空运而来，不得马虎。

　　由来自禄鼎记的团队打理后厨，开业时，连食神韬韬都到场品尝点赞。

　　水煮鱼精心去骨，片片都是鱼肉，鱼肉嫩滑。干锅系列的香辣虾，虾炒得干身香脆，辣得诱人。土豪毛血旺的用料颇为丰富，一锅中有猪血、午餐肉、牛肉丸等材料，最适合与朋友分享。

猪脑 ｜ 酸菜鱼 ｜ 香辣蟹

玮小宝

◎地　址：　东莞市东城区南路新世纪豪园第一居

御鼎墨府

对火锅有多热爱，才可做到一天两顿都吃火锅？

让我意想不到的是，一个四川人竟然可以如此热爱重庆火锅。

从早到晚，都泡在火锅店里是什么体验？

这家店竟然能令不是同一个世界的人，都能坐在一起吃火锅。

令不是同一个世界的人，能坐在一起吃火锅，这是什么样的魔力？

在东莞，一家没有故事的火锅店，就像没有味道的锅底。

能够坐在一起吃火锅的，都是同一个世界的人

电影《摆渡人》里有一句台词：

能够坐在一起吃火锅的，

都是同一个世界的人。

而御鼎墨府的阿毅却对我说："我觉得不对，御鼎墨府能令不是同一个世界的人，都能坐在一起吃火锅。"

到底是什么，令他这么自信？

答案是坚持手工炒料的执念。

如今创业，把热爱的事情转化为事业，是普遍现象，阿毅也不例外。阿毅是四川成都人，但对重庆有着无比的热情。

"从第一口吃到重庆火锅开始，我就很难接受其他火锅。"阿毅对重庆的热爱，在我和他的交谈中，字字显露。

刚开火锅店时，阿毅对重庆火锅的制作一无所知。为此，他专门跑到重庆去寻觅厨师。

在他和合伙人的用心经营下，生意逐渐步入正轨。但他不安于现状，觉得厨师的技艺还可以进步。于是，他让厨师回到重庆深造，一去就是8个月，这期间，由他一个人负责炒料。

炒料，决定了锅底的品质。首先要把100斤油烧热，达到一定温度，然后把经过水煮的辣椒倒进去。步骤不多，但需要不间断人手操作5～6个小时。为了不让锅底煳，就要站在猛火前不停翻炒。冬天还好，夏天就成"焗桑拿"了。

炒料是一种技术活，熟练的翻炒技术，以及对火候的把握，都事关重要。至今，御鼎墨府仍沿用人手炒料，底料在人手中慢慢演变出最美的味道。

一锅好的锅底，除了熟练的炒料技术，优质且讲究的原材料也不可缺。经过无数次的尝试后，他们最终精选了六味食材：砂仁、山奈、桂皮、八角、白扣、花椒。

从早到晚泡在火锅店里

"做那一行，就要钻研那一行。爱火锅的人，是吃不腻的。"阿毅每年都会去一趟重庆，发掘新的味道。那几天，阿毅天天吃火锅，试过在一家山顶上的火锅店里，从早吃到晚。

"看到别人有什么好的东西，我就'偷'回来。"沙龙鱼翅和手切羊腩块，就是他从重庆带回御鼎墨府的新品。

《舌尖上的中国2》介绍重庆火锅，那红彤彤油汪汪的火锅让人印象深刻。阿毅对于锅底是执着的。他寻访了重庆大部分火锅店，发现味道好的火锅，就多吃几遍，靠味蕾"找不同"。回到东莞后，凭记忆做出让他认可的那种味道。

他家的锅底种类五花八门，满足各种选择，治愈各"选择纠结症"患者。除了红彤彤的锅底，御鼎墨府还推出了新锅底——清一色锅。

看起来碧绿碧绿的，是因为精选了湖南的青辣椒，再配以菜油，颠覆传统火锅。吃起来不油腻、清香清新、辣而不燥，给人全新的体验。

对于喜欢多种口味的顾客，还推出了清一色锅中锅和清一色三味锅。

点一个清一色三味锅，多种锅底可以随意搭配，一红一绿一白，一次品尝三种口味。

看着锅中的菜油开始翻滚，表面的辣椒也随之轻泛，香气蒸腾而出。浓重的香味和麻辣的味道，可以瞬间把人带到记忆深处的某个地方。

坐在热气缭绕的桌子旁，看着汤锅蒸气升腾氤氲，动着手中的筷子。热气腾腾，香气四溢，御鼎墨府变得温暖如春。从天南侃到地北，酣畅淋漓。

牛黄喉	巴沙鱼片	馋嘴鲜毛肚
鲜猪黄喉	御鼎太极滑	
极品鹅肠	五花牛展	
馋嘴田鸡	无骨鸭掌	

御鼎墨府

◎地 址: 东莞市东城区酒吧街新世界花园A1020号
商铺（建设银行旁）

　　重庆的火锅与辣同样名扬天下，在重庆的五花马牛油火锅中，烫一大片牛肚，不仅口感爽脆，嚼劲十足，还带着牛油的厚重浓香和香辣四溢，顿时荡气回肠。同锅而煮的脑花，如豆腐般细腻浓厚，入口即化，留下满嘴香辣。

重庆五花马火锅

◎地 址：东莞市南城区新基香园路35号万科
769产业园（竞速卡丁车楼下）

同样辣味十足的，还有这家串串香。

不仅汤底麻辣，连蘸料用的干碟，用的也是上好的辣椒粉、芝麻、花椒粉，是来自大自然纯粹的的香麻与辣。

　　冰柜里摆放着琳琅满目的食物，大家可以根据口味、喜好，自行选择。或者来个好玩的"竞赛"，跟同行的人比比谁吃得多。

拾叁锅时尚海鲜串串

◎地 址： 东莞市东城区万达金街 2 栋046铺

再谈谈台湾的胡椒虾，是藏在闹市中来自宝岛的辣。

其烹饪的方式很特别，采用称作"狗母锅"的专用锅具，非常复杂的辣，用了多种香料与药材，在煮的过程中各种味道慢慢地渗入虾肉中，胡椒那特别的辣味浓厚得让人难以舍弃。

只用鲜活的虾做食材，所以虾的肉质紧韧弹牙。一口咬下去时，开头还不觉得有多辣，但很快，一股宏厚的辣从腹中升腾起来，热辣感爬上头脸，如同武侠小说中的武林高手一掌注入内力，使暖洋洋的真气遍布全身。

台湾胡椒虾

◎地 址： 东莞市东城区雍华庭步行街B区麦当劳西露天广场2楼

印度辣菜香辛辣

印度菜强调食材的新鲜，香料源于树皮、树脂、树叶、菜籽，讲究纯天然，以烹饪出各种辣度的菜肴，味道鲜明，极富层次感与神秘感。

在公元1世纪，罗马帝国每年至少有120艘船穿越红海到印度，这些船带着黄金而来，满载胡椒而去。欧洲人痴迷依赖香料，当时胡椒论颗卖，还可以用胡椒买土地，办嫁妆。如果携上一袋胡椒上街，简直就是炫富。

印度可以说是咖喱的鼻祖。且看小印度餐厅的印式烩嫩羊肉，以传统草药与香料熬制出地道的咖喱，浓郁香辣，别有一番异域的风情。

辣的英文叫"spicy"，还有另外一层意思为"加有香料的"。印度人天生巧用各种神秘香料，于是做出了各种口味的咖喱。玛莎拉烧烤鸡件在30多种纯天然香料交集焙烤下，微辣中还带着丝丝奶香，独特的香气浓烈奔放，如同在森林里奔跑的少女。

小印度餐厅

◎地 址：东莞市东城区东城支路新世界花园
商铺A1007

美国辣菜惹味辣

卡真（Cajun）菜来自美国南部路易斯安那州，源自美洲独特的土著文化。独特地道的卡真酱来自超过15种神秘香料的味道，不仅保留最原始的美洲风味，还能搭配各种随性的吃法以突出食材的口感和鲜味。

蟹家美式海鲜餐厅贴心地把卡真酱配出不同等级的辛辣度以满足不同客人的口味要求。一道海鲜烩重现了老板与他的太太在美国吃过最地道的卡真风味，把鲜味发挥得出色，味蕾的感受层次分明，辛辣惹味而神秘，这是属于美式的热情与奔放。

蟹家美式海鲜餐厅

◎地　址：东莞市东城区新世纪豪园第一居A5商
铺（BB酒吧对面）

居酒屋中邂逅温暖时光，带你游走炉端烧的滋味世界

炉端烧

魅力十足的尊贵料理

　　炉端烧，是日本的一种烧烤料形式。通常炉端烧的料理师，会用签条将食物串起来，插在烧烤台的沙盘上烤制，食材被900℃的火焰炙烤着，尚未上桌，热力催化出的香气就已飘达客人的鼻尖，让人食指大动。

新鲜的食材仅以少许盐调味，恰到好处的火候让食材呈现出最本真的风味。朵颐着这般美味，再喝上一壶清酒，便是深夜最好的抚慰。

这种高端日式烧烤历史悠久，发源于仙台，流行于北海道。相传渔人从海中打捞新鲜鱼后，在沙地上团起篝火烧烤，新鲜的鱼仅以海盐调味，便是一道佳肴。

到了日本的中世纪时期，由于只有武士才有资格在餐厅享用烧烤，所以在当时烧烤成了一种身份的象征，更是一种带有阶级性炫耀的进餐活动。

大部分日本人爱吃炉端烧，除了亲历其境所见即所吃的新鲜食材，主要还是去体验那种完全不同于怀石料理的喧闹仪式感。你可以坐在吧台观赏整个烤制过程，料理师会用船桨把食物递给你，并大声吆喝，相当有氛围。

也是近几年，炉端烧才在中国逐渐兴起，而在东莞，正宗的炉端烧更是少见。

这里要介绍的味泉日本料理店，在东莞已经立足七年了，一条约350斤重的深海之王蓝鳍金枪鱼被运到现场，作为七周年庆典的生日贺礼，宾客云集，见证店内炉端烧的正式开启。

　　料理台被改造成烧烤台，铺上白沙，架上特制的铁架，堆上木炭模拟篝火，还原几百年前渔人在沙滩上享受劳动所获的那种快意，感受食物给疲惫身躯带来的抚慰。

鲷鱼一夜情

鲷鱼在传统日本文化中，是一种高档鱼种，颜色素雅又不过于肥腻。

味泉研发的新品正是采用这一高档鱼种烹调而成。它有个独特的名字——鲷鱼一夜情，即日式鲷鱼昆布渍。

鲷鱼昆布渍有别于日本海鱼的一夜干、鲷鱼遇，其独特之处在于融合广东沿海一带的名菜"一夜情"的技法，将日本空运而来的新鲜鲷鱼用盐及自家调配的酱汁腌制一夜后，再进行烤制。

经过腌制的鲷鱼释放出大量氨基酸，香鲜度大增，咸香味十足，正是上炉的最佳时间。透着淡淡昆布香的鲷鱼，在烤工老到的师傅手下，鲜香四溢，外脆内嫩，口感一流。

遇上美食，遇上美好

"创办味泉，纯粹是因为兴趣。"

2010年，林浏斌和柳友莲这对夫妻创办的味藏日料步入第三个年头，客人以商务客宴请为主，经营稳中有升。

厨师出身的他们喜欢做菜，享受随意中的创新，于是萌生了创办以休闲聚会为主的居酒屋风格料理店的念头，让忙碌了一天的客人下班后能在这里吃吃美食，喝喝小酒，找到舒适的放松姿态。

2010年4月，味泉日本料理正式开业。开业初期，餐厅90%以上的客人来自日本，是当时在莞日本人眼中的网红日料店。

既是老板又当厨师的林浏斌先生经常和客人一起探讨日本料理，他对传统日本料理的坚持及专业深受顾客的认可。

2013年受大环境的影响，很多日系企业撤离东莞，导致日本客源急剧减少。好在味泉凭借过硬的品质及服务，并未受到太大的影响。

日本人减少了，但多了很多中国人和韩国人光顾。客人的多元化及客人对食品的高标准严要求，使得味泉一刻也没有松懈，不断研发新品、提升服务，为客人提供高品质的用餐服务。接下来，味泉还会开辟深圳市场，建立旗舰店。餐厅风格将一改东莞店的传统日式风，以传统日系中带点现代时尚的风格呈现，务求餐厅氛围与深圳这个年轻有活力的城市相得益彰。

味泉

东莞店
◎地　址：东莞市东城风情步行街88号（山东老家里）

深圳店
◎地　址：深圳市福田区金田路2030号卓越世纪中心3
号4号楼4层407—408号铺位

左手清酒右手烤件，
暖心的深夜食堂方式

　　在岛国，有一种地方，几乎是每个日本人都去过的。在下班之后，或是一个人，或是一群人，来到了居酒屋，卸下一天的疲惫。

在这里
既有让你神魂颠倒的各种小酒
还有让你垂涎三尺的烧烤小物

鸟剑居酒屋

拉开木门而进，只见上空高挂着纸灯笼，在橘色的灯光映照下，客人们围着吧台相依而坐，师傅在肉串上刷好酱汁，用炭火炙烤，炭烧食物的烟气缭绕，一下子有了活色生香的感觉。

墙面上贴着日式的彩绘画，每个包厢的顶部用竹筒排铺而成，包厢与包厢之间用悬挂的细竹帘间隔，整个空间充满了返璞归真的自然之美。

老板曾经在日本留学，自己也热爱做菜，回来以后在苏州开了第一家属于自己的居酒屋，这也是鸟剑居酒屋的第一间店。在东莞的雍华庭，我们能尝到鸟剑居酒屋的出品。

招牌沙律肉十分讲究，先将蔬菜放入清水中泡足六个小时，不仅为了保证蔬菜干净，还可以让蔬菜吸饱水分，再用冰水浸泡半个小时，捞上来后撒上培根、芝士粉，还有用腰果、花生等调制而成的酱汁，于是才有了这样清爽而美味的口感。

　　铁板牛肉选用的是美国特级4A牛小排，在高温下，轻微而快速地香煎，吃起来香味浓郁。

　　芝士竹轮卷外形像竹轮，表皮香脆，里面的鱼肉包裹着车打芝士，格外香浓诱人。

　　我们还点了几种不同的肉串。一只鸡大概可以出8到10串的鸡腿肉，店里每天都会准备70到80串鸡腿肉加葱，鸡腿肉嫩滑，加入葱后多了鲜甜之味，深得客人喜爱，因此，每个晚上九点的时候都会售罄。

　　鸡肉棒除了选用鸡腿肉和鸡胸肉，还放入了香菇、秋葵、山药以增添风味，汁烧十分钟后口感微甜，松软可口；盐烧的凤尾，皮脆肉嫩。

　　此时，用上善如水这款清酒搭配最为合适了，米香飘逸，还有淡淡的甜味，入口比较柔顺。

鸡肉棒和凤尾 ┊ 鸡腿肉加葱和培根番茄
烤鸡皮

鸟剑居酒屋

莞城分店
◎地 址：东莞市东城雍华庭商铺11号

长安分店
◎地 址：东莞市长盛西路127号(长青南路)

常平分店
◎地 址：东莞市常平镇新南二街23号711便利店
对面

SUNTOR
SINGLE M
WHISK

SINCE 1922
The oldest distillery

THE
YAMAZAKI
SINGLE MALT
WHISKY

YAMAZAKI DISTILLERY
PRODUCED BY SUNTORY
PRODUCT OF JAPAN

ウイスキー

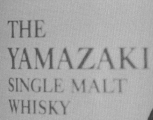

山崎蒸溜所

VINTAGE

这间小店，威士忌藏量竟然在全国数一数二

　　银幕上，无论是英伦特工手中摇晃着的爱尔兰威士忌，还是反派老绅士们手中摩挲着的波本威士忌，漂亮的琥珀色液体都把男主角衬托得充满成熟男人的魅力。

这家小店的老板Allen不仅是威士忌收藏家
还是中国威士忌达人会的创始人之一

聊起美国政客们关于烈酒的八卦，时任参议员幕僚罗伯特·贝克如此描述林登·约翰逊这位美国的第36任总统："他是个真汉子，不过他每晚都得喝掉五分之二瓶Cutty Sark威士忌。"由此可见，林登·约翰逊对威士忌的着迷。

坐落在繁华的东莞
这间Vintage稀酿酒行虽然不起眼
却是真正单一麦芽威士忌爱好者的首选之所
Vintage的威士忌收藏种类在全国数一数二
品种有八百多款
不管是入门级、渐进级
还是骨灰级的威士忌爱好者
都能在这里找到所喜欢的酒
还能参加专业的威士忌活动

后来Allen游历各国
也一直寻找有特色的威士忌

Vintage四周的墙面都做成了酒架
放满了各种各样的威士忌

其中包括这几款的代表作
低年份入门级16年的Lagavulin
40年的高年份品鉴级Highland Park
以及拍卖稀酿收藏级
1951年产The Balvenie single cask

因此很多城市的人慕名来到Vintage，来自广州、深圳、汕头的客人更是不胜枚举。而且Vintage稀酿酒行和各大国际拍卖行都有合作。

刚开始接触威士忌的时候，Allen为了学习到更多的威士忌知识，除了阅读大量有关威士忌的书籍，还经常上各种各样的酒类论坛，结识不同的热爱威士忌的好友。

多年前的机缘巧合之下，Allen认识了一个来自台湾的威士忌的酒友，而这位酒友与他交谈甚欢，还成为了他的威士忌启蒙老师。

老师几乎每个月都会来一次大陆，还特意带上珍藏的威士忌给Allen品尝。Allen十分珍惜老师给他品鉴与学习的机会，也因为有了老师精深的讲解，让Allen对威士忌的学习比常人更加快速。

Royal Brackla 21年

Allen给我们倒上一杯Royal Brackla 21年威士忌，这是Allen参加中国威士忌达人会五周年活动获得的奖品。

The Balvenie 12年

这一杯12年的The Balvenie呈金黄色，这款双桶陈酿的威士忌在成熟期间，由传统的波本橡木桶移置到西班牙雪莉橡木桶，有着烤杏仁，蜂蜜，橙皮的香气，余韵悠长。

　　威士忌的老冰不同于家用冰箱冰镇的冰块，老冰是于-22℃以下急速冷冻大约一周的冰块，它的特质是在裁切时容易切出想要的形状，且在酒中的融化速度较慢，有利于细细地品味威士忌。

　　再试试不同风味的Talisker10年。

　　斯凯岛只有一个Talisker酒厂，有着山脊冲天的壮丽风光，酿制出具有石楠花香、海水微咸口感的酒，那一瞬间，我似乎感受到苏格兰高地上凛凛寒风吹过来，霸气而粗犷的个性。
　　或是在原野亦或在沼泽地，附近的水、土壤、石楠花、苔藓草等，不同的风土环境以及不同的岁月沉淀氤氲出威士忌独特的香味，仿佛是百态的人生。

左一为Talisker1815年 ┆ 麦卡伦12年

VINTAGE（稀酿酒行）

◎地 址： 东莞市南城区石竹路菊香苑7栋42号铺

也许
一个成熟的绅士对威士忌着迷
也因为如此吧